Kölner Beiträge zur Didaktik der Mathematik

Reihe herausgegeben von

Nils Buchholtz, Köln, Deutschland

Michael Meyer, Köln, Deutschland

Birte Pöhler, Köln, Deutschland

Benjamin Rott, Köln, Deutschland

Inge Schwank, Köln, Deutschland

Horst Struve, Köln, Deutschland

Carina Zindel, Köln, Deutschland

In dieser Reihe werden ausgewählte, hervorragende Forschungsarbeiten zum Lernen und Lehren von Mathematik publiziert. Thematisch wird sich eine breite Spanne von rekonstruktiver Grundlagenforschung bis zu konstruktiver Entwicklungsforschung ergeben. Gemeinsames Anliegen der Arbeiten ist ein tiefgreifendes Verständnis insbesondere mathematischer Lehr- und Lernprozesse, auch um diese weiterentwickeln zu können. Die Mitglieder des Institutes sind in diversen Bereichen der Erforschung und Vermittlung mathematischen Wissens tätig und sorgen entsprechend für einen weiten Gegenstandsbereich: von vorschulischen Erfahrungen bis zu Weiterbildungen nach dem Studium.

Diese Reihe ist die Fortführung der „Kölner Beiträge zur Didaktik der Mathematik und der Naturwissenschaften".

Hans Joachim Burscheid

Wiederentdecken und Anwenden von Mathematik

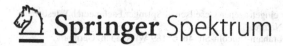

Springer Spektrum

Hans Joachim Burscheid
Institut für Mathematikdidaktik
Universität zu Köln
Köln, Deutschland

ISSN 2661-8257 ISSN 2661-8265 (electronic)
Kölner Beiträge zur Didaktik der Mathematik
ISBN 978-3-658-42438-1 ISBN 978-3-658-42439-8 (eBook)
https://doi.org/10.1007/978-3-658-42439-8

Die Deutsche Nationalbibliothek verzeichnet diese Publikation in der Deutschen Nationalbiblio-
grafie; detaillierte bibliografische Daten sind im Internet über http://dnb.d-nb.de abrufbar.

Planung/Lektorat: Marija Kojic
Springer Spektrum ist ein Imprint der eingetragenen Gesellschaft Springer Fachmedien Wiesbaden
GmbH und ist ein Teil von Springer Nature.
Die Anschrift der Gesellschaft ist: Abraham-Lincoln-Str. 46, 65189 Wiesbaden, Germany

MEINER FRAU

Vorwort

Es ist bekannt, daß sich Hans Freudenthal immer wieder dagegen aussprach, Schülern[1] „eine fertige Mathematik — vorfabriziert vom erwachsenen Mathematiker" zu lehren [1963, S. 17]. Diese Sichtweise von Schulmathematik („fertige Mathematik") haben Mathematiker offenbar auch noch 60 Jahre nach Freudenthal's Einlassungen, wie ein zufällig einer Tageszeitung entnommenes Zitat belegt. Von einem Gespräch mit Timo de Wolff von der Technischen Universität Braunschweig wird wie folgt berichtet:

„In Schulen werde Mathematik nur als etwas Fertiges, Abgeschlossenes serviert, ergänzt de Wolff, doch so ist ja Mathematik gerade nicht. Spannend sind die offenen Fragen, ... " (zitiert nach [Lossau, N. 2022, S. 61]])

Diesem Mißverständnis von Mathematik stellte Freudenthal einen „Mathematikunterricht als geführte Wiederentdeckung" entgegen [ebd.]. Bei aller Überzeugungskraft, die man diesem Konzept spontan zubilligt, es bleibt offen, welche Art von Mathematik der Schüler wiederentdecken soll. Auf der stofflich – inhaltlichen Seite fehlt ein Rahmen, der dem Konzept entspricht.

In den 1980er Jahren hat ein kleiner Kreis von jüngeren Mitgliedern des Mathematikdidaktischen Seminars der Universität zu Köln begonnen, sich mit dem Konzept *Empirische Theorie* zu beschäftigen, so wie dieses von den Strukturalisten um Wolfgang Stegmüller an der LMU München gefaßt wurde. Motiviert wurde die Untersuchung durch Zweifel an der Angemessenheit der damals gängigen Praxis, die von Schülern zu erwerbenden mathematischen Inhalte als Teile

---

[1]Ich halte der Einfachheit halber an der klassischen Bezeichnungsweise fest statt durch Einfügen der jeweiligen maskulinen und femininen Formen den Text mit Selbstverständlichkeiten anzureichern, die seiner Lesbarkeit nicht gerade förderlich sind.

Hilbertscher Theorien darzustellen. Erste Ergebnisse der Arbeitsgruppe waren „Zum Rechtfertigungsproblem didaktischer Konzeptionen — Ein Beitrag zur Bruchrechendidaktik — ", (mit Werner Mellis [1990/1991]) und „Grundlagen einer Geometriedidaktik" von Horst Struve [1990]. In den folgenden Jahren wurde gezeigt, daß sich auch historische mathematische Inhalte als empirische Theorien fassen lassen, und wie das Konzept *Empirische Theorie* dazu beitragen kann, mathematikdidaktische Ansätze besser zu verstehen, (mit H. Struve [2009, 2018, 2020a/b].

Das in den Titel eingebundene Freudenthalsche Konzept „Wiederentdecken von Mathematik" ist aus meiner Sicht als didaktisches Prinzip zu verstehen[2] wie das Spiralprinzip oder das Operative Prinzip. Wie diese kann es als Leitidee zur didaktischen Bearbeitung mathematischer Inhalte dienen.

Ich werde der Frage nachgehen, ob der Begriff der empirischen Theorie auf der inhaltlichen Seite dem Freudenthalschen Konzept entspricht. Diese Überlegung führt auf natürliche Weise zum Thema „Anwenden von Mathematik".

In [1990] wurde für die didaktische Bearbeitung von Fachinhalten der Begriff „didaktische Konzeption" eingeführt und gefragt, wie sich eine solche begründen ließe. Diese Thematik spreche ich hier erneut an.

Meinem Kollegen Professor Horst Struve danke ich für eine sorgfältige Durchsicht des Manuskripts, zahlreiche Korrekturvorschläge und manchen hilfreichen Diskussionsbeitrag.

Köln, im Sommersemester 2023

Hans Joachim Burscheid

---

[2]Diese Auffassung vertrat Gert Schubring schon 1978 (vgl. Kap. 3).

Inhaltsverzeichnis

1 Mathematisieren

Die Diskussion um das Problem des Anwendens von Mathematik, auf die die heutigen didaktischen Positionen zurückgehen, begann in den 1970er Jahren, als die Kritik an den „Textaufgaben" oder „angewandten Aufgaben", wie es damals noch hieß, sich verstärkte, da dieser Aufgabentyp eine „vorgefertigte Wirklichkeit" repräsentiere und allzu sehr auf Lösbarkeit und „gerade behandelte Methoden" zugeschnitten wäre. Aus einem anderen Blickwinkel betrachtet könnte man sagen, daß der Unterricht, der sich auf „Anwenden von Mathematik" bezog, in erster Linie Routinen vermittelte — bis hin zur Bestimmung von Extremwerten in der Differentialrechnung in der Oberstufe — , die dazu beitrugen, beim Schüler das Bild vom Werkzeugcharakter der Mathematik zu entwickeln und zu festigen.

Auf die kritische Bestandsaufnahme dieses Unterrichts folgte die Diskussion um einen „mathematisierenden" Unterricht, dessen Intention schon 1923 in einem Bericht „The Reorganization of Mathematics in Secondary Education" anklang:

„The primary purposes of the teaching of mathematics should be to develop those powers of understanding and of analyzing relations of quantity and of space which are necessary to an insight into and a control over our invironment, and to an appreciation of the progress of civilization in its various aspects; and to develop those habits of thought and of action which will make those powers effective in the life of the individual." (nach [Fehr, H. F. 1968, S. 599])

Das Verständnis des „mathematisierenden Unterrichts" wurde wesentlich durch Hans Freudenthal geprägt, auf den auch die Bezeichnungsweise zurückgeht. „Einen nicht–mathematischen Stoff (oder nicht genügend mathematischen Stoff) zu ‚mathematisieren'" erklärt er, heißt: „ihn so zu ordnen, daß er eine einer mathematischen Verfeinerung zugängliche Struktur erhält" [1973, S. 127]. Daß er von einem nicht–mathematischen Stoff ausgeht, begründet Freudenthal wie folgt:

„Die Tätigkeit des Mathematikers setzt eben schon früher ein: bei Situationen, die inhaltlich und sprachlich noch nicht Mathematik sind.
So lag es denn auf der Hand, der gesamten ordnenden Tätigkeit des Mathematikers als theoretischen Rüstzeugs einen Namen zu geben, es als *Mathematisieren* zu bezeichnen, ob die Tätigkeit sich auf mathematische Inhalte und Ausdrucksformen erstrecke oder auf naive, intuitive, oder — wie man auch sagen könnte — auf Erlebtes und in der Umgangssprache Ausgedrücktes, wobei dann die Personenabhängigkeit von ‚Erlebt' und ‚Umgangssprache' gleich vermerkt sei: Ausweitung der Lebenswelt und Zuspitzung der Sprache ist eine Entwicklung, die je nach der Person verschieden einsetzen und verschieden schnell und weit fortschreiten kann.
... damit wurde das Mathematisieren ein menschenbildlich beeinflußtes Desideratum: dem Lernenden dieselbe Freiheit des Mathematisierens zu gestatten, die der Forscher für sich beansprucht. Oder genauer: es war gerade dieses Postulat des Mathematisierens als Wesenszug des Mathematiklernens, das dem ‚Mathematisieren' seinen Reiz verlieh. Mathematik lernen als Nacherfindung habe ich schon länger postuliert ..., aber erst mit dem Mathematisieren von ganz unten her konnte die Nacherfindung sich recht entfalten." [1987, S. 98]

Das „Mathematisieren von ganz unten her" geht von einem reichhaltigen Kontext aus, der umgangssprachlich gegeben und sprachlich zu ordnen ist. Das sprachliche Ordnen führt zum Formalisieren. Auf einer nullten Stufe handelt es sich um das Mathematisieren durchweg nichtmathematischer Inhalte, um das Konstruieren von Modellen zu *Situationen der Wirklichkeit*, zu „kleinen, isolierten Bruchstücken der Realität" (alles [1973, S. 127/128]).

Damit ist ein wesentlicher Punkt angesprochen: Die zu mathematisierenden Inhalte sind Situationen des täglichen Lebens — sowohl Situationen des Alltags wie auch solche aus wissenschaftlichen, künstlerischen oder anderen spezifischen Lebensbereichen — , die nicht durch eine ordnende Hand vorgeprägt sind.

Erst sehr viel später folgt dem sprachlichen Ordnen das globale mathematische Ordnen dessen, was schon mathematisch vorliegt. Dies läuft auf das Axiomatisieren hinaus.

Die Diskussion der folgenden Jahre war nicht auf den deutschen Sprachraum beschränkt. Sie hatte zwei sich deutlich unterscheidende Ausprägungen. Im französischen Sprachraum diskutierte man die „pédagogie des situations". André Revuz charakterisiert den Begriff „situation" wie folgt:

„Eine *Situation* (kursiv; d. Verf.) ist also ein Teil der Welt, deren Aspekte nicht alle in Betracht genommen werden: die Begrenzung des Teiles der Welt und die Wahl der Aspekte, die man im Auge behalten will, charakterisieren eine Situation. Mit anderen Worten, eine Situation ist die Angabe eines Teiles und des Standpunktes, den man hinsichtlich dieses Teiles annehmen will: ... " [1977, S. 258]

Diese Aussage läßt sich etwa wie folgt zusammenfassen: Unter einer *situation* versteht man einen Ausschnitt der Wirklichkeit unter subjektiver Betrachtung.

Der Begriff „situation", wie ihn Revuz auffaßt, und wie er in der französischsprachigen Didaktik verwendet wurde, unterscheidet sich damit vom Begriff „Situation", wie ihn Freudenthal versteht, i. w. dadurch, daß Revuz denjenigen, der die „situation" definiert/festlegt, stärker betont.

Ignacije Smolec formuliert auf dem Troisième Séminaire International 1972 in Valloire:

„Mais, au fur et à mesure que la sience devenait un facteur essentiel dans le développement des structures et des forces productrices et économiques, l'importance de l'enseignement s'est énormément accru. Les méthodes traditionelles ne furent plus considérées comme satisfaisant et les méthodes nouvelles apparurent. Le renouveau essentiel fut l'apparition de la pédagogie active. Une des plus importantes réalisations de cette pédagogie est la pédagogie des situations; elle consiste en ceci: on fait travailler les élèves sur des situations qui leur sont familières mais qui comportent des problems.

Dans l'enseignement mathématique, la pédagogie des situation s'effectue par
la mathématisations des situations. C'est sans doute une des réalisations du
principe classique de la pédagogie: du concret vers l'abstrait. ...

En pratiquant la méthode de mathématisation des situations, assez souvent,
on a l'ambition d'avoir au départ, une situation concrète. Mais qu'est–ce
qui est concret? ...

Il y a le concret primitif naturel. Mais il y a aussi le concret créé, construit
par l'homme. Pour ce faire, l'homme a inventé et développé deux moyens
puissants: l'abstraction et la technique.

On admet facilement comme concret ce qui est construit par l'homme en
utilisant la technique ou une combinaison de technnique et d'abstraction.
Personne ne doute qu'une maison soit concrète, quoique, dans sa construction, l'abstraction ait joué un grand rôle. Pour tout le monde, c'est du
concret physique, dans la même mesure que le concret naturel. Mais la
construction faite par les seules abstractions n'est pas considerée comme
concrète. Pourtant, elle fait partie de la réalité humaine. Donc, quand on
parle de la réalité, il faut y inclure le concret physique, naturel et construit,
et les produits des abstractions.

Dans cette optique, la mathématique est une partie de la réalité. ... La
mathématique est faite par les abstractions, mais elle change la réalité
physique, elle s'y intègre. Elle n'est pas à côté du réel, elle est dans le réel,
elle lui donne une nouvelle dimension. ... Il n'y a pas de fossé entre le concret
et l'abstrait. Ces deux mots déterminent deux positions méthodologiques
différentes de l'homme par rapport à la réalité quand il l'explore et la change.
Il y a une dialectique intrinsèque dans la recherche de la réalité. Nous faisons
les abstractions pour mieux connaître le concret et pour le changer. De
cette façon, nous enrichissons la réalité. Le concret de cette réalité exige de
nouvelles abstractions pour être mieux compris et changé. Et ainsi de suite.

Le procédé de mathématisation dans l'enseignement (comme, d'ailleurs, dans
les recherches scientifiques) consiste à modifier des situations concrètes par
les abstractions et par les techniques, qui sont, les unes comme les autres,
propres à la mathématique. Les situations mathématisées enrichissent la
réalité préexistante par de nouveaux concrets. Les nouvelles situations
peuvent être susceptibles de nouvelles mathématisations. ... "[3] [1972, S.

---

[3]In dem Maße, in dem die Wissenschaft zu einem wesentlichen Faktor bei
der Entwicklung von Strukturen und Kräften in Produktion und Wirtschaft
wurde, stieg die Bedeutung des Unterrichts enorm an. Die traditionellen Methoden

123 – 125]

Zu verstehen, was es heißt, Mathematik anzuwenden, bedeutet demnach zu verstehen, wie die Mathematik durch ihr Einwirken auf die Realität jeweils eine neue, abstraktere Realität schafft. Es bedeutet, den sich in Stufen vollziehenden Änderungsprozeß zu verstehen, den der Begriff „Realität" durchläuft. Dieser Prozeß stellt sich wie folgt dar:

wurden nicht mehr als zufriedenstellend angesehen, und neue Methoden kamen auf. Die wichtigste Neuerung war das Aufkommen der Erziehung zur Selbsttätigkeit. Eine der wichtigsten Errungenschaften dieser Erziehung ist die „pédagogie des situations"; sie versteht sich wie folgt: Man läßt die Schüler „situations" bearbeiten, die ihnen vertraut sind, die aber Probleme beinhalten.

Im Mathematikunterricht wird die „pédagogie des situations" durch das Mathematisieren vorgegebener „situations" umgesetzt. Dies ist zweifellos eine Realisierung des klassischen Prinzips der Pädagogik: Vom Konkreten zum Abstrakten. ...

Wenn man die Methode der Mathematisierung von „situations" anwendet, hat man oft als Ziel, eine konkrete „situation" zu erhalten. Aber was ist konkret? ...

Es gibt das ursprüngliche, natürliche Konkrete. Aber es gibt auch das geschaffene, vom Menschen konstruierte Konkrete. Um dieses zu erzeugen hat der Mensch zwei mächtige Mittel erfunden und entwickelt: die Abstraktion und die Technik.

Was der Mensch mit Hilfe von Technik und Abstraktion konstruiert hat, wird leicht als konkret angesehen. Niemand bezweifelt, daß ein Haus konkret ist, obwohl bei seiner Konstruktion die Abstraktion eine große Rolle gespielt hat. Für jeden ist es physisch konkret, in demselben Maße wie das natürliche Konkrete. Aber die Konstruktion, die allein durch Abstraktion entsteht, wird nicht als konkret angesehen. Dennoch ist sie Teil der menschlichen Realität. Wenn wir also von Realität sprechen, müssen wir das physisch Konkrete, das natürliche und das konstruierte, sowie die Produkte der Abstraktion einschließen.

Aus dieser Sicht ist die Mathematik ein Teil der Realität. ... Die Mathematik wird durch Abstraktionen geschaffen, aber sie verändert die physische Realität, sie dringt in sie ein. Sie ist nicht neben der Wirklichkeit, sie ist in der Wirklichkeit, sie gibt ihr eine neue Dimension. ... Es gibt keine Kluft zwischen dem Konkreten und dem Abstrakten. Diese beiden Wörter bestimmen zwei unterschiedliche methodologische Positionen des Menschen in Bezug auf die Realität, wenn er sie erforscht und verändert.

Es gibt eine inhärente Dialektik bei der Erforschung der Wirklichkeit. Wir nehmen Abstraktionen vor, um das Konkrete besser kennen zu lernen und es zu verändern. Auf diese Weise bereichern wir die Realität. Das Konkrete dieser Realität erfordert neue Abstraktionen, um besser verstanden und verändert zu werden. Und so weiter und so fort.

Der Prozeß der Mathematisierung im Unterricht (wie übrigens auch in der wissenschaftlichen Forschung) besteht darin, konkrete „situations" durch Abstraktionen und Techniken zu verändern, die beide der Mathematik eigen sind. Die mathematisierten „situations" bereichern die bereits bestehende Realität um neue Konkretionen. Die neuen „situations" können für weitere Mathematisierungen geeignet sein. (Übersetzt durch DeepL)

„On mathématise — à un niveau plus élevé — les situations déjà partiellement mathématisées. On peut donc parler de mathématisations successives, de mathématisations par étapes, de mathématisations progressives. C'est d'ailleurs la démarche historique du dévellopement de mathématique."[4] [ebd., S. 126]

Insbesondere der letzte Satz macht deutlich, daß Smolec aus einem Verständnis von Mathematik heraus argumentiert, das diese in empirisch verifizierbaren Problemen begründet sieht.

Ein derartiges Verständnis der Entwicklung der Mathematik findet sich auch bei zeitgenössischen Mathematikern. So schrieb John von Neumann:

„There is the danger that the subject will develop along the line of least resistance, that the stream so far from its source, will separate into a multitude of insignificant branches, and that the discipline will become a disorganized mass of details and complexities. In other words, at a great distance from its empirical source, or after much ‚abstract' imbreeding, a mathematical subject is in danger of degeneration. At the inception the style is usually classical, when it shows of becoming baroque, then the danger signal is up. ... In any event, whenever this stage is reached, the only remedy seems to me to be the rejuvenating return to the source: the reinjection of more or less directly empirical ideas. I am convinced that this was a necessary condition to conserve the freshness and the vitality of the subject and that this will remain equally true in the future." [1947, S. 196]

Dieser Auffassung stimmt man sicherlich von einem marxistisch orientierten Standpunkt aus zu. Bei dem Wahrscheinlichkeitstheoretiker Boris V. Gnedenko liest man:

„Es gibt keine Zweifel darüber, daß die Praxis in ihrer unendlichen Vielseitigkeit die Hauptquelle für das Neue in der Mathematik darstellt. Sie führt zu Gedanken über neue Probleme, sie fordert den Wissenschaftler zum Suchen

---

[4]Man mathematisiert — auf einer höheren Ebene — vorgegebene „situations", die bereits teilweise mathematisiert wurden. Man kann also von einer sukzessiven Mathematisierung, einer schrittweisen Mathematisierung, einer progressiven Mathematisierung sprechen. Dies ist übrigens der historische Ansatz der Entwicklung der Mathematik (Übersetzt durch d. Verf.).

neuer Methoden auf, sie schafft die Überzeugung von der Richtigkeit der gewählten Untersuchungsrichtung, und sie stellt die Methode zur Überprüfung der Richtigkeit erhaltener Resultate dar. Die Praxis führt uns schließlich auf die Fragestellung nach dem Anwendungsgebiet der eingeführten Begriffe, der Untersuchungsmethoden und der erhaltenen Resultate. Es ist interessant festzustellen, daß alle Autoren mit der These übereinstimmen, daß die Praxis die grundlegende Rolle beim Entstehen der Mathematik, also in den ersten Etappen ihrer Entwicklung spielte." [1977, S. 454]

Im deutschen Sprachraum wurde das Konzept „mathematisierender Unterricht" bevorzugt auf die späteren Schuljahre bezogen. So formuliert Willibald Dörfler in seiner Begrüßungsansprache des 1. Kärtner Symposions für „Didaktik der Mathematik" :

„ ... der mathematisierende Unterricht. Darunter will ich einen Unterricht verstehen, durch den der Schüler befähigt wird, vorgegebene reale Probleme auf dem Weg von Abstraktion, Formalisierung und Modellbildung, eben durch Mathematisierung zu lösen." [1976, S. 7]

Es war dies eine gewisse Engführung der Intention Freudenthals. Denn er schreibt, als er das Thema „Kontext" anspricht, „ich habe mir ... niemals etwas von der Fülle (möglicher Kontexte; d. Verf.) gerade auf niedrigster Grundschulstufe träumen lassen" [1987, S. 102].

Betrachtet man Freudenthals Formulierung des „Mathematisierens von ganz unten her" genauer, so läßt sich diese auch als Unterrichtsform eines naturwissenschaftlichen Unterrichts verstehen. Dann müßte sich das im mathematischen und das im naturwissenschaftlichen Unterricht erworbene Wissen aber auch durch das gleiche theoretische Konstrukt beschreiben lassen. Für das naturwissenschaftliche Wissen ist die Frage nach dem geeigneten Konstrukt leicht zu beantworten. Das Konstrukt ist eine naturwissenschaftliche Theorie. Aber wie ist dieser Begriff hier zu verstehen? Welchen Regeln folgt die Konstruktion eines so gearteten Konstruktes, um auch mathematisches Wissen fassen zu können. Sind es die gleichen — also ausschließlich logische — , denen die heutige mathematische Theorie genügt?

Es gilt als weitgehend unstrittig, daß die erste mathematische Tätigkeit von Kindern und damit auch von Schülern durch die Auseinandersetzung mit ihrer Umwelt angeregt wird. Diese Sichtweise kommt auch in der Konzeption der Grundschulbücher zum Ausdruck. Sie geht aber mit fortschreitender Schulzeit mehr und mehr verloren, wenn die Einflüsse eines Verständnisses von Mathematik wachsen, das diese unter einem stark formalisierten Blickwinkel sieht.

Diese geänderte Sichtweise, die der Logik in der Behandlung der Unterrichtsinhalte eine zunehmende Bedeutung einräumt, kommentiert der amerikanische Mathematiker Morris Kline wie folgt:

„The student should be creating mathematics. Of course he will be re–creating it with the aid of a teacher. This recreativity on the part of the student is more popularly termed discovery today. Every teacher professes to espouse discovery. The student can be gotten to do this if he is allowed to think intuitively but he cannot be expected to discover within the framework of a logical development that is almost always a highly sophisticated and artificial reconstruction of the original creative work.

The logical version is a distortion of mathematics for another reason. The concepts, theorems and proofs emerged from the real world. It is the uses to which the mathematics is put that tell us what is correct. Thus we add fractions by finding a common denominator and not by adding numerators and adding denominators though we do multiply fractions by multiplying numerators and multiplying denominators. Likewise, the uses to which matrices are put determine that multiplication is to be noncommutative though we can device purely mathematical multiplication of matrices that are commutative. After we have determined what properties mathematical concepts and operations must posses on the basis of the uses of these concepts and operations we *then* invent a logical structure, however artificial it must be, which yields these properties. Hence, the logic does *not* dictate the content of mathematics. The uses determine the logical structure. The logical organization is an afterthought. As Jaques Hadamard remarked, logic merely sanctions the conquests of intuition. Or, as Weyl put, ‚logic is the hygiene which the mathematician practices to keep his ideas healthy and strong.‘

In fact, if a student is really bright and he is told to cite the commutative law to justify, say $3 \cdot 4 = 4 \cdot 3$, he may very well ask, Why is the commutative law correct? The true answer is, of course, that we accept the commutative law because our experience with groups of objects tells us that $3 \cdot 4 = 4 \cdot 3$. In other words the commutative law is correct because $4 \cdot 3 = 3 \cdot 4$ and not the other way around. The normal student will parrot the words commutative law, and he will, as Pascal put it in his *Provincial Letters*, ‚fix this term in his memory because it means nothing to his intelligence'. " [1970, S. 272]

Auch wenn man — wie Kline zeigt — eine einseitig auf die Logik fixierte Sichtweise zurückweisen sollte, bleibt die Frage, wie sich aus realen Problemen erwachsendes Wissen fassen läßt.

Aus Kline's Äußerung sprechen auch die Auffassung Freudenthals vom „Wiederentdecken der Mathematik" durch den Schüler und die Rechtfertigung mathematischer Aussagen durch Rückgriff auf empirische Erfahrungen. Wenn Kline diese Gedanken auch nicht weiter ausführt, so läßt sich nicht überhören, daß er ganz ähnliche Vorstellungen vom Erlernen von Mathematik hat wie Freudenthal.

Ein dritter ebenfalls mathematisch geprägter Wissenschaftler — in diesem Falle ein Didaktiker — , der zeitgleich mit Freudenthal und Kline deren Vorstellungen über das Erlernen von Mathematik teilte, ist Alexander Israel Wittenberg. Wittenberg war zwar ausschließlich auf das Gymnasium fixiert, aber dies ist keine negative Bewertung seiner didaktischen Vorstellungen. Er bezeichnete den Unterricht, der ihm vorschwebte, als *genetisch* und charakterisierte ihn wie folgt:

„einen Unterricht, der darin besteht, die Schüler gleichsam die Mathematik von Anfang an wieder entdecken zu lassen. Das bedeutet nicht unbedingt, daß dieser Unterricht der historischen Entwicklung, mit ihren Zufällen und Umwegen, folgen muß. Aber in sachlicher Hinsicht muß er gleichsam ein Neuentstehen und Neudurchdenken der Mathematik in jeder Klasse sein, ein frisches und unmittelbares Wiedererleben der Mathematik durch die Schüler." [1963, S. 59]

Zu dem Stil, der den Unterricht prägen soll, heißt es.

„Das Schwergewicht des Unterrichts wird auf der *Heuristik* liegen; auf jenem Vorwärtstasten des Geistes von der Frage zur Antwort, während dessen er sein Problem betrachtet, analysiert, vergleicht, spezialisiert, verallgemeinert, umformt, um endlich zur ersehnten Einsicht zu gelangen — ... " [ebd., S. 61]

Die didaktische Ausarbeitung seiner Vorstellungen am Beispiel der Geometrie überschreibt Wittenberg mit

„Wiederentdeckung der Mathematik von Anfang an",

und seine Vorüberlegungen faßt er wie folgt zusammen:

„1. Der Unterricht muß dem Schüler eine echte Erfahrung der Mathematik vermitteln.

2. Dazu ist insbesondere erforderlich, daß dessen Aufbau vollständig innerhalb des Erfahrungsbereichs des Schülers verlaufe; insbesondere müssen auch die Motivierungen und das gedankliche Vorgehen innerhalb dieses Bereiches erschlossen werden." [ebd., S. 67/68]

Wie bei Kline so finden sich auch bei Wittenberg die von Freudenthal formulierten Vorstellungen über das Erlernen der Mathematik, auch wenn Wittenberg sie in seiner Ausarbeitung in einen größeren geistesgeschichtlichen Kontext einbettet und damit auch ihre historische Komponente anspricht.

2 Ein Blick in die Vergangenheit

Die bei Smolec, von Neumann und Gnedenko anklingende Auffassung von Mathematik war noch bis zum Ende des 19. Jh.s dominant. Dies läßt sich z. B. mit Moritz Pasch belegen. Er schreibt:

„... die erfolgreiche Anwendung, welche die Geometrie fortwährend in den Naturwissenschaften und im praktischen Leben erfährt, beruht jedenfalls nur darauf, dass die geometrischen Begriffe ursprünglich genau den empirischen Objekten entsprachen, wenn sie auch allmählich mit einem Netz von künstlichen Begriffen übersponnen wurden, um die theoretische Entwickelung zu fördern; und indem man sich von vornherein auf den empirischen Kern beschränkt, bleibt der Geometrie der Charakter der Naturwissenschaft erhalten, ... " [1926, Vorwort zur 1. Auflage]

An späterer Stelle heißt es:

„Die geometrischen Begriffe bilden eine besondere Gruppe innerhalb der Begriffe, die überhaupt zur Beschreibung der Außenwelt dienen; sie beziehen sich auf Gestalt, Maß und gegenseitige Lage der Körper. Zwischen den geometrischen Begriffen ergeben sich unter Zuziehung von Zahlbegriffen Zusammenhänge, die durch Beobachtung erkannt werden. Damit ist der Standpunkt angegeben, den wir im folgenden festzuhalten beabsichtigen, wonach wir in der Geometrie einen Teil der Naturwissenschaft erblicken." [ebd., S. 3]

Pasch spricht zwar nur von Geometrie, aber noch zu seiner Zeit prägte dieses Gebiet das Bild, das die (gebildete) Öffentlichkeit von Mathematik hatte[5].

---

[5]Noch 1899 bezeichnete Emanuel Czuber die Mathematiker als *Geometer* [S. 111].

Es ist nicht weiter erstaunlich, daß auch die Sichtweise der Lehrer (der höheren Schulen) im 19. Jh. deutlich empirisch geprägt war, wenn ihre Universitätslehrer dieses Verständnis hatten. Der Standpunkt der Lehrer wird besonders deutlich in der zunächst geradezu leidenschaftlich geführten Diskussion um die Einführung der projektiven Geometrie (auch der „neueren Geometrie") in den Unterricht. Als Beispiel diene die Kontroverse zwischen J. Kober — Verfechter des euklidischen Standpunktes — , von dem die Aufnahme abgelehnt wurde, und Rudolf Sturm, der sich vehement für sie einsetzte.

In einer Replik auf Sturm [1870] schreibt Kober:

„Und auf Wahrheit kommt es an, nicht auf ein methodisches Princip. Wenn seine (Sturms; d. Verf.) parallelen Geraden nach beiden (entgegengesetzten) Richtungen zusammentreffen, so haben sie z w e i Punkte gemein, sie schliessen eine Fläche wirklich ein u. s. f. Will der Verfasser damit die Parallelentheorie, die Planimetrie beginnen? Glaubt er, dass der Schüler dies verstehen wird? Oder hält er es für statthaft, eine Wissenschaft auf einer Grundlage aufzubauen, die dem Schüler widersinnig erscheint und nur auf künstliche Weise „plausibel" gemacht werden kann, deren Verständnis erst mit der Zeit, viel später, zu erwarten ist." [1870, S. 492]

Interessant ist, daß Kober mit dem Begriff „Wahrheit" argumentiert, was bedeutet, daß eine geometrische Aussage daran gemessen wird, ob sie die physikalische Welt zutreffend beschreibt. Diesen Standpunkt vertritt er auch in der Diskussion eines weiteren Artikels von Sturm [1871]. Es heißt in einer Fußnote:

„Dass einer der Congruenzsätze (2 Seiten und 1 Winkel) eine Ausnahme erleidet, ist auch nicht nach meinem Geschmacke: kann ich deshalb die Wahrheit umstossen?" [1872, S. 251]

Geometrie wird hier eindeutig als empirisch verortet verstanden. Diese Auffassung vertritt auch Sigmund Günther, ein Mitherausgeber der ZMNU (*Zeitschrift für den mathematischen und naturwissenschaftlichen Unterricht*, nach ihrem Gründer J. C. Volkmar Hoffmann auch *Hoffmanns Journal* genannt). In einer Rezension des Jahres 1890 in eben dieser Zeitschrift schreibt Günther: „Die Geometrie ist eben eine

Erfahrungswissenschaft ... " [S. 531].

Bemerkung: Die ZMNU war die erste Zeitschrift, die sich bevorzugt der Mathematikdidaktik widmete. Im Vorwort des 1. Bandes, der 1870 erschien, legte der Herausgeber die Ziele dar, die er mit der Gründung der Zeitschrift verband. Sie sollte sich

„über Organisation, Methode und Bildungsgehalt der exacten Wissenschaftsfächer verbreiten ... Die Zeitschrift soll also zuerst die Prinzipien der Organisation des mathematisch – naturwissenschaftlichen Unterrichts, unter Berücksichtigung der Zwecke und Ziele verschiedener Schulgattungen, entwickeln ... weitere Aufgabe soll die Pflege und Vervollkommnung der Lehrmethode sein ... soll die Zeitschrift den Bildungsgehalt und den davon abhängigen Bildungswert der exacten Wissenschaften als Unterrichtsmittel entwickeln ... " [S. 6 ff.].

Zur Frage des Verständnisses der Mathematik gehört die Frage nach der Begrifflichkeit, in der ihre Aussagen gefaßt werden.

Eine entsprechende Vorstellung formuliert Alexander Wernicke in seinem Bericht *Mathematik und philosophische Propädeutik* für die „Abhandlungen über den mathematischen Unterricht in Deutschland". Er schreibt:

„Mit den Herren Höfler, Klein, Schoenflies, Voß, Wellstein u. a. vertreten wir die Ansicht, daß die Grundbegriffe der Mathematik, wie man zu sagen pflegt, durch Abstraktion (und Determination) und Idealisierung aus dem gewöhnlichen Vorstellungsmateriale (im Sinne des Naiven Realismus) entstehen. Wir wollen, da der Ausdruck Idealisierung zum mindesten Mißdeutungen ausgesetzt ist, dies alles unter dem bereits gebrauchten Namen L o g i - s i e r u n g zusammenfassen und darunter den Prozeß verstehen, durch den eine Vorstellung für den formal–logischen Gebrauch verwendbar wird, falls sie es noch nicht ist. Dazu gehört Eindeutigkeit und Einheit, und zwar kann Einheit die Einheit eines Elementes oder die Einheit eines Vielen (in qualitativer und in quantitativer Hinsicht) bedeuten, wobei im letzteren Falle natürlich die innere Widerspruchslosigkeit vorausgesetzt wird." [1909 – 1917, Bd. 3, Heft 7, S. 69]

Interessant ist, wie Felix Klein das Problem sah. Bei ihm heißt es:

„Alle angewandte Mathematik ... muß zum Zwecke der mathematischen Betrachtung ihre Gegenstände idealisi(e?)ren." [1895, S. 5]

„Idealisieren" erläutert er wie folgt:

„Denn es gilt immer unter der Menge der zufälligen Störungen die einfachen Zusammenhänge der wesentlichen Größen hervorzuheben." [ebd., S. 8]

Klein betrachtet mathematische Objekte (Begriffe, Relationen etc.) als Idealisierungen realer Objekte, Bezüge etc. In seinem Verständnis haben diese Idealisierungen folglich reale Objekte, Bezüge, ... als Referenzen.

Statt von „Idealisierung" spricht er auch von „Abstraktion". Nach seinen Vorstellungen überführen Idealisierung und Abstraktion empirische Objekte in solche, die eine mathematische Behandlung erlauben, in objektivierbare oder gedankliche Realisierungen mathematischer Begriffe. Mit den Worten von Freudenthal:

„Am Anfang des Geometrie–Unterrichts steht das mathematische Ordnen der Erscheinungen im Raum, wodurch Gestalten zu Figuren werden." [1963, S.19]

Unter Bezug auf einen Vortrag Kleins „Über Aufgabe und Methode des mathematischen Unterrichts an den Universitäten" [1898] schreibt Martin Mattheis:

„‚Das eigentliche Ziel alles [mathematischen] Unterrichts' war für Klein, die Lernenden dahin zu bringen, ‚dass sie selbstständig nachdenken'. Dieses Ziel ... werde am besten erreicht, indem man, von der konkreten Anschauung ausgehend, immer weiter abstrahiere. Verdeutlicht wurde diese Feststellung anhand des Beispiels der Geometrie, die ‚auf den unteren Classen mit praktischen, insbesondere constructiven Aufgaben [beginne], um erst allmählich den Sinn für Theorem und Beweis heranwachsen zu lassen. Auf der Oberstufe soll[e] dann der letztere voll zur Geltung kommen.' Auch bei diesem Beispiel des höheren Schulunterrichts ist Kleins Kernforderung eine Einführung mathematischer Lehrinhalte anhand konkret anschaulicher Problemstellungen, der erst nach und nach die Abstrahierung und Arithmetisierung folgen sollte, sehr deutlich zu erkennen." [2000, S. 49]

Mit dem Blick auf Geometrie findet man die Vorstellungen Kleins auch in dem bekannten Schulbuch von J. Henrici und Peter Treutlein. In der 4. Auflage des Ersten Teiles heißt es:

„Die Geometrie entnimmt ihren Stoff den räumlichen Erfahrungen, die durch den Gesichts– und Tastsinn sowie die Eigenbewegungen vermittelt werden; sie verwandelt aber die Gebilde der Erfahrung durch Absonderung alles Stofflichen in reine Gedankendinge, wie sie in solcher Absonderung und Reinheit in der Erfahrung nicht vorkommen. — Die Geometrie b e s t i m m t ihren Stoff durch E r k l ä r u n g e n (Definitionen), in denen von dem Gegenstand der Erklärung so viel ausgesagt wird, als zu seiner Bestimmung ausreichend ist. Dazu gehören die Angabe des nächst höheren Begriffs, dem der Gegenstand untergeordnet ist, und der wesentlichen Merkmale, durch die er sich von den unter denselben höheren Begriff fallenden beigeordneten Gegenständen unterscheidet ... .

Durch die Beschränkung der Geometrie auf die von ihr selbst bestimmten Begriffe und Formen wird sie unabhängig von der unübersehbaren Mannigfaltigkeit der natürlichen Gebilde und von der Unsicherheit und Unvollkommenheit unserer Kenntnisse von den Naturgebilden. ... Durch diese Unabhängigkeit von der Außenwelt und durch die Vorstellbarkeit im Geiste erlangt die geometrische Erkenntnis eine Sicherheit und Gewißheit, wie sie dem Wissen von den natürlichen Dingen nicht in gleichem Maße zukommt." [1910, S. 17/18]

Nicht nur der deutliche Bezug zu physikalischen Vorgaben kommt hier zum Ausdruck sondern auch die Vorstellung mathematischer Begriffe wird expliziert. Sie werden verstanden — so könnte man vielleicht sagen — als Extrakte, als Muster/Formen empirischer Begriffe (ein Anklang an Kants Begriff der „reinen Anschauung"). Dies entspricht der *Idealisierung* oder der *Abstraktion* empirischer Begriffe bei Klein.

Die Entwicklung mathematischer Begriffe blieb ein zentrales Thema der Didaktik. Ihre zunehmend verfeinerte Betrachtungsweise belegt etliche Jahrzehnte später Hermann Hering. Er schreibt:

„Jedenfalls werden grundlegende mathematische Begriffe nicht vorgefunden, nicht als solche entdeckt, sondern sie sind entwickelt worden im Zusammenwirken mit anderen Begriffen innerhalb einer mit ihnen bewirkten und sie stützenden Theorieentfaltung. Die gegenseitige Beeinflussung ermöglicht Veränderungen und Ausbau, gestützt auf fortschreitenden Verallgemeinerungen. Aus dieser sich wechselseitig stützenden Entwicklung, oft unter Einfluß von Anwendungen, erwächst die Bedeutung der Begriffe, und darin begründet sich ihr Sinn. Die meisten mathematischen Begriffe entstehen nicht als Abstraktionen von Objekten. Von welchen Objekten sollte etwa Stetigkeit abstrahiert sein? Sie stellen vielmehr in Verallgemeinerungsprozessen stabilisierte Konstrukte abstrakter Beziehungen an oder zwischen abstrakten Objekten dar, die Denkhandlungen ermöglichen. Konkretisierungen dieser Beziehungen werden durch vorgestellte Handlungen an Konkretisierungen dieser Objekte vorgefunden oder konstruiert. Aus dieser Ausgangssituation erwächst durch abstrahierend–verallgemeinernde Aktivitäten die Begriffsentwicklung." [1986]

Ob die Beziehungen und Objekte („Konstrukte abstrakter Beziehungen an oder zwischen abstrakten Objekten") notwendig abstrakt sein müssen, sei dahingestellt. Jedenfalls bleibt den Begriffen eine gewisse „ontologische Bindung" — wie Freudenthal formulierte — erhalten.

Da Klein einer der herausragenden Vertreter der Mathematik des 19. Jh.s war, zudem wohl derjenige, der — zumindest in Preußen — den größten Einfluß auf die Lehrerschaft hatte, darf man davon ausgehen, daß seine Auffassung von der Mehrzahl der Lehrer geteilt wurde. Die bestätigt auch eine genauerer Durchsicht der in der ZMNU veröffentlichten Artikel.

Wir dürfen folglich davon ausgehen, daß das Mathematikverständnis im 19. Jh. stark empirisch geprägt war, daß die mathematischen Begriffe — natürlich unterschiedlich stark ausgeprägte — empirische Referenzen besaßen.

Die Mathematiker des 19. Jh.s haben mit ihrer empirisch orientierten Sichtweise von Mathematik bekanntermaßen herausragende Ergebnisse erzielt. Fragen nach der *Darstellung* mathematischer Inhalte konzentrierten sich wesentlich auf die Geometrie, die durch die axiomatische Form ausgezeichnet war, die Euklid ihr gegeben hatte. In Euklids Darstellung, in die keine Aussage aufgenommen wurde, die nicht durch Rückgriff auf formulierte Postulate oder schon bewiesene Aussagen bewiesen werden konnte. Jeder Satz führte von einer wahren Aussage über den physikalischen Raum zu einer ebenfalls wahren Aussage über diesen. Die Aussagen waren — reduziert man sie auf ihre logische Form — „wenn – dann – Sätze", wie man sie heute von einer mathematischen Abhandlung kennt.

Für jemanden wie den Mathematiklehrer des 19. Jh.s, der in dieser Auffassung von Mathematik ausgebildet worden war, müssen die im folgenden zitierten Vorgehensweisen und Beurteilungen, die Klein zu einzelnen Punkten der Schulmathematik abgibt, schon sehr überraschend geklungen haben, wobei Klein hier stellvertretend steht für jene Kollegen — und dies war wohl die Mehrheit —, die ebenfalls eine empirisch orientierte Auffassung von Mathematik besaßen. (Von ihm liegen nur die meisten schriftlichen Äußerungen vor, die nicht mathematischen Inhaltes sind.)

In der „Elementarmathematik vom höheren Standpunkte aus" führt er — einer häufigen schulischen Praxis folgend — die negativen (ganzen) Zahlen ein, „um *die Subtraktion zu einer in allen Fällen ausführbaren Operation zu machen.*" Damit erhält er „die Deutung aller ganzen Zahlen durch die *Skala der äquidistanten Punkte einer vom Nullpunkt aus nach beiden Seiten ausgedehnten Geraden, der ,A b s z i s s e n a c h s e'.*"

Definiert man nun die Operationen + und · wie üblich, damit die vom Umgang mit den positiven Zahlen her bekannten Rechengesetze gelten, so bleibt die Frage, „ob diese Gesetze, ... rein formal betrachtet, *widerspruchslos* sind." ... Aber man wird „*die Widerspruchslosigkeit unserer Gesetze allein darin begründet* finden können, *daß es anschauliche Dinge mit anschaulichen Verknüpfungen gibt, die jene Gesetze erfüllen.*"

Klein verweist auf die Punkte der Abszissenachse und erklärt, wie für diese + und · zu definieren sind, d. h. er behandelt die Erweiterung der natürlichen zu den negativen Zahlen — unter dem angenommenen schulischen Ansatz — wie eine naturwissenschaftliche Theorie.

Ein besonderes Problem bietet jetzt die Multiplikation zweier negativer Zahlen. Klein beginnt mit der Gleichung

$$(a - b) \cdot (c - d) = ac - ad - bc + bd$$

und führt aus, daß diese unter Bezug auf das *„Prinzip der Permanenz der formalen Gesetze"* von *Hankel* für a = c = 0 in die unbewiesene Gleichung

$$(-b) \cdot (-d) = + bd,$$

„d. i. die Zeichenregel der Multiplikation negativer Zahlen" überführt wird.

Er fährt fort:

„Die einfache Aufklärung ... ist die, *daß von logischer N o t w e n d i g - k e i t des ganzen Ansatzes, also von B e w e i s b a r k e i t der Zeichenregel nicht die Rede sein kann; es kann sich vielmehr nur darum handeln, die logische Z u l ä s s i g k e i t des Ansatzes zu erkennen,* während er im übrigen willkürlich ist und durch Z w e c k m ä ß i g k e i t s g r ü n d e, wie jenes Permanenzprinzip, reguliert wird. ...

So wird denn der Beweis geradezu erschlichen, und das *psychologische Moment,* das uns vermöge des Permanenzprinzipes zum Ansatz hinleitet, mit einem *logisch beweisenden Moment* verwechselt. ...

Gegenüber dieser Praxis möchte ich doch allgemein die Forderung aufstellen, *keinerlei Versuche zum Erschleichen unmöglicher Beweise* zu machen; man sollte vielmehr den tatsächlichen Verhältnissen entsprechend den Schüler an *einfachen Beispielen* überzeugen oder womöglich es ihn selbst finden lassen, *daß gerade diese auf dem Permanenzprinzip beruhenden Festsetzungen geeignet sind, einen gleichförmig bequemen Algorithmus zu liefern, während jede andere Festsetzung bei allen Regeln immer zu zahlreichen Fallunterscheidungen zwingen würde.* ...

Und während es leicht verständlich ist, daß andere Festsetzungen unzweckmäßig sind, sollte man doch das sehr Wunderbare der Tatsache, daß eine allgemein zweckmäßige Festsetzung wirklich *existiert,* für den Schüler klar verständlich hervorheben; ... " [alles 1933, S. 25 - 31]

Klein betont also, daß in der Schulmathematik die Festsetzung der Multiplikation zweier negativer Zahlen durch ein Argument der *Zweck-*

mäßigkeit getroffen werden kann, das sich durch eine *erfolgreiche Anwendung* bestätigen läßt.

Ein historisches Beispiel, bei dem ebenfalls das Permanenzprinzip herangezogen wird, findet man bei Kline:

„It was the Hindus who decided that $\sqrt{2} \cdot \sqrt{3} = \sqrt{6}$, and their argument was that these irrationals could be ‚reckoned with like integers', that is, like $\sqrt{4} \cdot \sqrt{9} = \sqrt{36}$." [1970, S. 267]

Ebenfalls in [1933] erwähnt Klein eine Konzeption der Bruchrechnung, in der der Autor eine „geeignete" Operationalisierung als eine „Verabredung" bezeichnet, für die es nur *Plausibilitätsgründe* gäbe. Offensichtlich teilte Klein diese Auffassung [ebd., S. 32]. Dies deckt sich mit den obigen Ausführungen zur Einführung der „Zeichenregel der Multiplikation negativer Zahlen".

Eine damit übereinstimmende Auffassung spricht aus folgender Aussage:

„*die Axiome der Geometrie sind — wie ich meine — nicht willkürliche, sondern vernünftige Sätze, die im allgemeinen durch die Raumanschauung veranlaßt und in ihrem Einzelinhalte durch Zweckmäßigkeitsgründe reguliert werden.*" [1925, S. 202]

Interessant ist, daß Klein in der Schulmathematik die Zeichenregel der Multiplikation negativer Zahlen als eine *Festsetzung aus Zweckmäßigkeitsgründen* betrachtet und bei der Konzeption der Bruchrechnung von *Plausibilität* spricht. Festsetzungen aus Gründen der Zweckmäßigkeit oder Plausibilität sind aber keine Argumente, die man von einem Mathematiker erwartet. Wie lassen sie sich erklären?

3 Ein theoretischer Rahmen[6]

Empirismus heißt die philosophische Disziplin, die davon ausgeht, daß alle menschliche Erkenntnis aus der Sinneserfahrung stammt. Zu ihrem Gegenstand gehören damit auch sog. *empirische* Theorien, solche Theorien, die durch Probleme veranlaßt werden, die die WELT stellt. Im Verständnis mancher Empiristen wird auch Mathematik als eine empirische Theorie betrachtet.

„Empiricism holds that mathematics is simply another branch of science, and so concludes that mathematics deals directly with the real world." [Mac Lane 1981, S. 463]

Das heutige Verständnis des Empirismus ist eng mit dem Namen von Rudolf Carnap verbunden. In den „Hauptströmungen der Gegenwartsphilosophie" skizziert Wolfgang Stegmüller den modernen Empirismus. Die Grundüberzeugung der modernen Empiristen läßt sich wie folgt formulieren:

„*Es ist unmöglich, durch reines Nachdenken und ohne eine empirische Kontrolle (mittels Beobachtungen) einen Aufschluß über die Beschaffenheit und über die Gesetze der wirklichen Welt zu gewinnen.*" [1978, S. 346]

Motiv für die Entstehung der modernen empiristischen Philosophie waren die Fortschritte der Einzelwissenschaften und eine gewisse Stagnation bei der Ausarbeitung spezifisch philosophischer Gebiete. Ein wesentlicher Grund für diese gegenläufige Entwicklung dürfte die bessere Kontrollierbarkeit des in den Einzelwissenschaften Ausgesagten sein. Die formale Logik und ihre Ausarbeitung spielen dabei eine wesentliche Rolle.

---

[6]Eine der folgenden entsprechende Ausarbeitung wurde schon in [2018] vorgelegt, auf sie greife ich zurück.

In den empirischen Wissenschaften sind bei der Einführung eines neuen Ausdrucks stets durch *Beobachtung feststellbare Bedingungen* anzugeben, unter denen der Ausdruck angewendet werden darf. Damit muß für den empiristischen Philosophen wissenschaftliche Erkenntnis zwei Bedingungen erfüllen:

1. Die verwendeten Begriffe müssen entweder Begriffe der formalen Logik oder Mathematik oder sog. *empirische Begriffe* sein, d.h. *solche Begriffe, über deren Anwendbarkeit man in jedem konkreten Falle allein mit Hilfe von Beobachtungen entscheiden kann.*

2. Alle wissenschaftlich akzeptierten Aussagen müssen entweder *rein logisch begründbar* sein oder es muß sich um Aussagen handeln, die sich *erfahrungsmäßig bewährten*. In diesem Falle kann es sich um Berichte über Beobachtungen handeln oder um aus solchen abgeleitete Aussagen. Zulässig sind auch *Hypothesen*, sofern diese prinzipiell *empirisch nachprüfbar* sind, entweder direkt oder in negativer Weise, indem Beobachtungen beschrieben werden können, die sie widerlegen [ebd., S. 354/355].

Da Theorien aus Sätzen bestehen, sind sie nur durch Sätze überprüfbar. Beobachtungen und Experimente sind keine Sätze sondern Erlebnisse oder Handlungen. Erst die Aussagen, die ihre Ergebnisse festhalten, können daher zur Überprüfung von Hypothesen oder Theorien herangezogen werden.

Gegenstand der philosophischen Untersuchungen sind also nicht die Objekte oder Ereignisse der realen — oder einer idealen — Welt, sondern wissenschaftliche Aussagen und Begriffe. Philosophische Untersuchungen richten sich vor allem darauf, Grundbegriffe und Denkverfahren der Einzelwissenschaften zu klären. Damit wird die logische Sprachanalyse, die Untersuchung von Logik und sprachlichen Elementen, die zur Formulierung von Theorien erforderlich sind, zu ihrem Hauptgegenstand, dies insbesondere, um die Vagheiten und Mehrdeutigkeiten der Alltagssprache aufzudecken und diese durch künstliche Sprachsysteme zu ersetzen, die nach präzisen Regeln aufgebaut werden.

Da das Begriffssystem, mit dem die Wissenschaftler arbeiten, zweckmäßigerweise nicht unnötig umfangreich sein sollte, ist es wesentlich, möglichst alle Aussagen einer wissenschaftlichen Disziplin — insbesondere die ihrer Theorien — auf wenige möglichst sichere Grundaussagen zurückzuführen. Damit erhält die Frage nach der Überprüfbarkeit und Bestätigung von Sätzen zentrale Bedeutung.

Eine Aussage heißt *bestätigungsfähig*, wenn ihre Bestätigung zurückführbar ist auf eine endliche Klasse von *Beobachtungssätzen*, solchen Sätzen, die einem bestimmten Objekt eine *beobachtbare* Eigenschaft zuordnen [ebd., S. 408].

In der Formulierung von Rudolf Carnap lautet dann das *Grundprinzip des Empirismus*: Alle synthetischen (auf Erfahrung beruhenden) Aussagen müssen bestätigungsfähig sein [ebd., S. 409].

Unter einer *empiristischen Sprache* wird eine Sprache verstanden,

— für die auf Grund ihrer Syntaxregeln stets eindeutig entscheidbar ist, ob ein Ausdruck dieser Sprache ein Satz ist,

— die das Grundprinzip des Empirismus erfüllt.

Das *empiristische Sinnkriterium* erhält damit folgende Formulierung:

„Dafür, daß eine synthetische Aussage als empirisch sinnvoll bezeichnet werden darf, ist notwendig und hinreichend, daß diese Aussage Bestandteil einer empiristischen Sprache ist, also einer nach präzisen Syntaxregeln aufgebauten Sprache, deren sämtliche Aussagen bestätigungsfähig sind." [ebd., S. 410]

Carnap unterscheidet in jeder als Theorie formulierten Erfahrungswissenschaft eine *Beobachtungssprache* L_O (= empiristische Sprache) und eine *theoretische Sprache* L_T. Die theoretische Sprache L_T wird als eigene Sprache konstruiert. Neben dem logischen Apparat enthält sie als *theoretische Begriffe* undefinierte Grundbegriffe (z. B. „Elektron" in einer physikalischen Theorie) sowie Begriffe, die definitorisch auf diese zurückgeführt werden. In der Sprache L_T wird die eigentliche

Theorie formuliert. Sie ist zunächst ein uninterpretierter Kalkül. Um sie zu einer *erfahrungswissenschaftlichen* Theorie zu machen, erhält sie eine partielle Interpretation mit Hilfe von *Korrespondenzregeln*, die bestimmte Sätze von L_O mit Sätzen von L_T verknüpfen, wodurch verschiedene theoretische Begriffe — solche, die definitorisch auf die undefinierten Grundbegriffe zurückführbar sind, aber nicht diese selbst — einen empirischen Gehalt bekommen. Diejenigen theoretischen Begriffe, die weder durch Definitionen noch durch Korrespondenzregeln wenigstens einen teilweisen empirischen Gehalt erhalten, müssen *prognostische Relevanz* besitzen, d. h. es muß wenigstens eine Aussage der Theorie geben, die einen solchen Begriff enthält, mit deren Hilfe beobachtbare künftige Ereignisse abgeleitet werden können, die man ohne die Aussage (und damit ohne den Begriff) nicht gewinnen könnte [ebd., S. 463 – 465].

Eines zeichnet sich hier ab. „Korrespondenzregeln" und „prognostische Relevanz" sind Bezüge zwischen bzw. Eigenschaften von Begriffen, die nur mit Blick auf eine feste Theorie anwendbar sind. Betrachtet man sie unabhängig von einer festen Theorie, so geben sie nur Verfahren zur Konstruktion einer theoretischen Sprache an, die aber kaum eine gesamte Erfahrungswissenschaft abdecken dürfte, d. h. die Frage, ob ein Begriff theoretisch oder nicht–theoretisch ist, hängt von der Theorie ab, in der er vorkommt. Ein Begriff ist nicht (schlechthin) theoretisch oder (schlechthin) nicht–theoretisch sondern er ist theoretisch oder nicht–theoretisch bzgl. einer bestimmten *erfahrungswissenschaftlichen* Theorie. Ein schlechthin theoretischer Begriff wäre ein metaphysischer Begriff wie „das Absolute" oder „das Unendliche". Die Zahl 0 ist also nicht schlechthin theoretisch und auch nicht theoretisch bzgl. einer mathematischen Theorie sondern höchstens bzgl. einer *empirischen* Theorie, in deren Rahmen z. B. die natürlichen Zahlen entwickelt werden.

An dem soweit gediehenen Programm gab es zwei wesentliche Kritikpunkte:

Yehoshua Bar–Hillel, ein israelischer Logiker, wandte ein, daß zu unterscheiden wären beobachtbar — nicht–beobachtbar und theoretisch — nicht–theoretisch, nicht aber beobachtbar — theoretisch. Denn die Unterscheidung beobachtbar — nicht–beobachtbar ist eine erkenntnistheoretische, die Unterscheidung theoretisch — nicht–theoretisch aber eine semantische. Semantisch ist diese Unterscheidung im Sinne von Wittgensteins Gleichsetzung von „Bedeutung" und „Gebrauch". Allerdings ist nicht der unmittelbare Gebrauch des Begriffs gemeint sondern der Gebrauch der Gesetze, die den Begriff enthalten.

Hilary Putnam, ein amerikanischer Philosoph, beanstandete, daß es nicht gelinge anzugeben, in welchem Sinne die theoretischen Begriffe „von der Theorie" herkämen [Stegmüller, W. 1979, S. 474/475].

3.1 Der Strukturalismus

Eine Antwort auf die Kritik von Bar–Hillel und Putnam gab das *strukturalistische Theorienkonzept*, auch die *strukturalistische Metatheorie*, gemeinhin als *Strukturalismus* bezeichnet — ohne Bezug zur Verwendung dieses Begriffs in anderen Fachwissenschaften — , das Stegmüller und seine Mitarbeiter ausarbeiteten.

Das strukturalistisches Theorienkonzept dient dazu, empirische Theorien zu rekonstruieren und sie in einer bestimmten Form darzustellen. Theorien sind in dieser Theorieform keine Satzklassen (*statement view*) sondern werden zerlegt in eine mathematische Grundstruktur und eine Menge intendierter Anwendungen, solcher Probleme, zu deren Lösung die jeweilige Theorie herangezogen werden soll (*non – statement view*).

Die entscheidende Erkenntnis bei der Rekonstruktion empirischer Theorien war, daß ihre Terme/Begriffe innerhalb der Theorie eine ganz unterschiedliche Funktion haben. Es gibt einmal die Terme/Begriffe, die zur Beschreibung der Problemsituation dienen (i. S. der Zwei–Sprachen–Konzeption von Carnap die Begriffe der empiristischen Sprache), es gibt aber auch solche, die in der betrachteten Theorie erstmals auftreten und erst im Rahmen der Theorie eine Bedeutung erhalten, die *bzgl. dieser Theorie* oder *relativ zu dieser Theorie* **theoretischen Terme/Begriffe**. Der Status dieser theoretischer Terme/Begriffe ist der entscheidende Punkt in der Rekonstruktion einer empirischen Theorie. Ohne diese Terme/Begriffe wäre eine Lösung des Problems, das sich ihr stellt, nicht möglich. Wäre sie möglich, d. h. ließe sich das Problem mit dem Begriffssystem der Ausgangssituation lösen, bedürfte es keiner neuen Theorie.

In ihrer auf den Überlegungen von Joseph D. Sneed zur Rekonstruktion von Theorien der mathematischen Physik — also empirischer Theorien — fußenden Arbeit [1971] trennen die Strukturalisten radikal zwischen der mathematischen Struktur einer empirischen Theorie und ihrer *informellen Semantik*. Sneed greift die sich bei Carnap abzeichnende Auffassung auf und bindet den „theoretischen Term/Begriff" konsequent an eine feste Theorie. Ein (metrischer) Term ist *theoretisch relativ zu einer Theorie* T, wenn er **nur in T–abhängiger Weise** gemessen werden kann, d. h. wenn jedes Meßverfahren für ihn die Gültigkeit von T voraussetzt. Ein (nicht–metrischer) Begriff ist *theoretisch relativ zu einer Theorie* T, wenn der Wahrheitswert jedes Satzes (bei formaler Darstellung: jeder Relation), der/die den Begriff enthält, **nur unter Verwendung von T** ermittelt werden kann. So erhält der Begriff eine Bedeutung in T (s. o.).

Die mathematische Grundstruktur einer empirischen Theorie ist gegliedert und läßt in einer systematischen Weise die Konstruktion der Theorie erkennen. Man axiomatisiert die Theorie durch Angabe eines mengentheoretischen Prädikates. Aus Gründen besserer Praktikabilität verwendet man dazu keine formale Sprache sondern die auf Patrick Suppes zurückgehende „informelle mengentheoretische Axiomatisierung" [Stegmüller, W. 1985, S. 39]. Diese Vorgehensweise ist aus der Mathematik geläufig. Als Beispiel sei die folgende Definition genannt: Ein Tripel (P, L, I) heißt AFFINE EBENE, wenn P und L nicht–leere Mengen sind, I $\subseteq$ P $\times$ L eine Relation ist zwischen Elementen aus P und Elementen aus L, und wenn folgende Axiome gelten .... Die Tripel (P, L, I), die die Axiome erfüllen, werden *Modelle* affiner Ebenen genannt.

Ganz analog definiert man das Prädikat „ist eine Klassische Partikelmechanik": Ein Tupel (P, T, s, m, f) heißt KLASSISCHE PARTIKELMECHANIK, wenn P eine endliche, nicht – leere Menge bezeichnet (die Menge der „Partikel"), T ein Intervall reeller Zahlen (ein Intervall von „Zeitpunkten"), s eine Funktion von $P \times T$ nach $\mathbb{R}^3$ (die Ortsfunktion), m eine Funktion von P nach $\mathbb{R}^+$ (die Massenfunktion) und f eine Funktion von $P \times T \times \mathbb{N}$ (die Kraftfunktion), so daß das 2. Newtonsche Gesetz gilt.

Die Tupel, die eine durch die Axiome charakterisierbare mathematische Struktur haben (in dem genannten Beispiel die KLASSISCHEN PARTIKELMECHANIKEN) nennt man *Modelle* der Theorie. Die Strukturen, von denen es sinnvoll ist zu fragen, ob sie Modelle sind, werden *potentielle Modelle* genannt. Die Modelle sind folglich genau diejenigen potentiellen Modelle, die die Axiome der Theorie erfüllen. Die potentiellen Modelle der KLASSISCHEN PARTIKELMECHANIK sind die Tupel (P, T, s, m, f), deren Komponenten wie oben definiert sind, für die aber nicht notwendig das 2. Newtonsche Gesetz gilt.

Neben den potentiellen Modellen werden noch partiell potentielle Modelle (kurz: *partielle Modelle*) eingeführt. Um den Unterschied zwischen potentiellen und partiellen Modellen zu verdeutlichen, muß man auf die Sprache der Theorie eingehen. Interessante Theorien erweitern die Sprache durch neue Funktions– und/oder Relationszeichen, die für die Theorie in dem Sinne charakteristisch sind, daß sie erst durch diese eine Interpretation erfahren. Beobachtbar ist z. B. der Einfluß, den der Stoß eines Partikels a (etwa einer Perle) auf einen Partikel b (eine andere Perle) ausübt. b rollt ein Stück vorwärts. Wie ist dies zu erklären? In diesem Kontext paßt eine Äußerung des amerikanischen Philosophen Mark Johnson. Er schreibt:

„I also want to anticipate the standard objection that, since we are bound to talk about preconceptual and nonpropositional aspects of experience always in propositional terms, it must follow that they are themselves propositional in nature. This simply doesn't follow. ... while we must use propositional language to describe these dimensions of experience and understanding, we must not mistake our mode of description for the things described." [1987, S. 4]

Beim Beispiel der KLASSISCHEN PARTIKELMECHANIK sind „preconceptual and nonpropositional aspects of experience and understanding" der geschilderten Situation, die in eine „propositional" Form zu bringen sind. Es war Newtons geniale Idee, durch Einführung zweier Größen, der *Masse* (des Partikels a) und der *Kraft* (die a ausübt), welche durch das 2. Newtonsche Gesetz (Kraft = Masse × Beschleunigung) verbunden werden, dieses Problem zu lösen.

In der Rekonstruktion der Theorie führt man daher zwei durch Existenzquantoren gebundene Variablen m (Masse) und f (Kraft) in die potentiellen Modelle ein, welche man in den Modellen geeignet operationalisiert, in geeigneter Weise mit nicht–theoretischen Termen/Begriffen der Theorie verbindet —— eben durch das 2. Newtonsche Gesetz. „Geeignet" meint folglich, daß man sie so operationalisiert, daß die Theorie ihre in Betracht gezogenen Anwendungen zutreffend beschreibt — das in ihnen enthaltene Problem löst. Erst dadurch erhalten die Variablen eine Bedeutung, werden zu theoretischen Termen/Begriffen der Theorie, präzisieren die „preconceptual and nonpropositional aspects of experience and understanding". Damit ändert sich nicht der Charakter dieser Aspekte — auch, wenn man das Newtonsche Gesetz kennt, werden Kräfte nicht beobachtbar, aber im Rahmen der Theorie werden sie kommunizierbar.

Man sieht jetzt sehr deutlich, daß sich das Verständnis der Begriffe „Masse" und „Kraft" nicht durch eine operationale Definition oder durch ein ostensives Verfahren erwerben läßt, sondern nur im Erfassen des gesamten Gesetzes, etwa im Rahmen einer gelungenen Anwendung.

Der Teil der Sprache, der ohne die Theorie T interpretierbar ist, heißt (T—)*vortheoretisch*, der Rest heißt (T—)*theoretisch*. Die möglichen Anwendungssituationen von T gehören zu den partiellen Modellen von T. Sie sind Strukturen, die (T—)vortheoretisch beschrieben werden können, also bevor die Theorie aufgestellt ist. Die die Modelle charakterisierenden Axiome enthalten mindestens einen T—theoretischen Begriff. Gehörten alle Begriffe der vortheoretischen Sprache an, würde die zu formulierende Theorie T keine Aussage machen, die nicht ohne sie einzusehen wäre. Die T–vortheoretischen Begriffe besitzen schon eine Referenz/Repräsentation, bevor die Theorie T aufgestellt ist, die T–theoretischen erhalten sie erst durch die Theorie T. (In einer mathematischen Theorie im heutigen Verständnis gibt es natürlich keine theoretischen Begriffe in diesem Sinne.) Insgesamt ergibt dies eine Beschreibung der Rekonstruktion einer empirischen Theorie, in der die entscheidenden Schritte dieses Prozesses expliziert werden.

Da die Modelle in der erweiterten Sprache definiert werden, ist es nicht möglich zu fragen, ob ein partielles Modell ein Modell der Theorie ist. Die partiellen Modelle der KLASSISCHEN PARTIKELMECHANIK sind Tupel (P, T, s), wobei die Komponenten wie oben definiert sind.

Bezeichnen wir mit M bzw. M_p bzw. M_{pp} die Menge aller Modelle bzw. aller potentiellen Modelle bzw. aller partiellen Modelle einer empirischen Theorie T, so ist die Struktur (M, M_p, M_{pp}) noch ohne einen Bezug zur WELT, über die eine empirische Theorie ja Aussagen machen möchte. Man betrachtet daher eine Menge I *intendierter Anwendungen* von T, d. h. solcher Problembereiche, die durch T erklärt werden sollen. Die Menge I wird nicht extensional sondern durch *paradigmatische Beispiele* festgelegt. Für die KLASSISCHE PARTIKELME-CHANIK sind dies z. B. das Sonnensystem oder die Pendelbewegungen.

Paradigmatische Beispiele, die I beschreiben, grenzen das Umfeld ab, in dem die zu entwickelnde Theorie angewendet werden soll. Wählt man eine Problemsituation außerhalb dieses Umfeldes, so ist diese der Theorie nicht zugänglich. Ein einfaches Beispiel liefert die durch Perlen– oder Plättchenmengen realisierte Addition (kleiner) natürlicher Zahlen. In den paradigmatischen Beispielen, die man den Kindern vorführt, sind die zu vereinigenden Mengen disjunkt. Solange diese Voraussetzung aber von den Kindern nicht als notwendig erachtet wird, vereinigen sie auch nicht–disjunkte Mengen, was von der Theorie aber nicht abgedeckt wird.

Wie stellt man nun den Bezug her zwischen der Menge M der Modelle der Theorie T und einer Menge I intendierter Anwendungen? Traditionellerweise würde man diese *empirische Behauptung der Theorie* folgendermaßen formulieren: Die intendierten Anwendungen von T sind Modelle von T (d. h. $I \subseteq M$). Um dem „Problem der theoretischen Terme/Begriffe" gerecht zu werden, muß man zum „Ramsey – Substitut[7]" dieser Behauptung übergehen. Letzteres kann man wie folgt formulieren: *Die intendierten Anwendungen von T sind partielle Modelle, die man durch Hinzufügen geeigneter theoretischer Terme/Begriffe zu Modellen von T ergänzen kann.* Die Überprüfung dieser Aussage zerfällt in zwei Teile: Man muß erstens zeigen, daß I in M_{pp} enthalten ist und zweitens, daß die Elemente von I ($\subseteq M_{pp}$) sich zu Modellen ergänzen lassen. Der zweite Schritt ist in dem Sinne unproblematisch, daß man weiß, was man zu tun hat. Im ersten Schritt steckt, wie Wolfgang Balzer formuliert, „fast die gesamte Problematik der Erkenntnistheorie" [1982, S. 289]: Wie kommt man von realen Systemen, die man in der Welt aufweisen kann, zu theoretischen Strukturen, in unserem Fall zu partiellen Modellen? Diese Frage wird durch den vorgestellten Formalismus natürlich nicht beantwortet.

Fassen wir das Gesagte noch einmal weniger formal zusammen: Die Situation, die derjenige vorfindet, der ein Problem lösen möchte, wird in den *partiellen Modellen* beschrieben, die Problemstellungen sind *intendierte Anwendungen* der zu erstellenden Theorie. Die Beschreibung der Situation konzentriert sich auf die Problemstellung und spart zu deren Lösung unwesentliche Elemente aus. Nun sind die Problemstellungen in der Regel nicht im Rahmen der partiellen Modelle lösbar. Neue Begriffe oder Setzungen sind erforderlich: *theoretische Terme/Begriffe*. Die vorliegende Beschreibung wird daher durch eine solche in mathematischer Sprache (eine Darstellung mit mathematischen Begriffen) ersetzt, die ergänzt wird durch mit Existenzquantoren gebundenen Variablen für Begriffe oder Bezüge, die in den partiellen Modellen nicht vorkommen. In der so erweiterten

---

[7]Frank P. Ramsey (1903 – 1930), englischer Mathematiker und Logiker

Sprache werden die *potentiellen Modelle* formuliert. In den Axiomen
der *Modelle* werden die hinzugenommenen Variablen als theoretische
Terme/Begriffe in die Theorie eingefügt, indem sie mit dem Begriffssystem der partiellen Modelle verbunden werden, d. h. in den Axiomen
wird festgelegt, welche Bedeutung die theoretischen Terme/Begriffe
in der zu entwickelnden Theorie erhalten. Die Bedeutung ist folglich
unmittelbar an die intendierten Anwendungen gebunden.

Die bisherige Beschreibung empirischer Theorien ist noch in einem
wesentlichen Punkt zu ergänzen. Empirische Theorien haben i. a. nicht
eine einzige gewissermaßen „kosmische" Anwendung sondern zahlreiche verschiedene Anwendungen. Diese können sich überschneiden, wie
etwa in der Newtonschen Theorie die Systeme Sonne – Erde und Erde
– Mond. In diesen beiden Anwendungen wird man zweckmäßigerweise der Erde die gleiche Masse zuordnen. Ein logischer Zwang dazu
besteht aber nicht, denn es handelt sich um voneinander verschiedene Anwendungen. Solche *Querverbindungen* zwischen verschiedenen
Anwendungen, die ihrer Harmonisierung dienen, definiert man extensional als Mengen potentieller Modelle, inhaltlich gesprochen als die
Mengen derjenigen potentiellen Modelle, die zu je zweien die jeweils
betrachtete Bedingung erfüllen. Die intendierten Anwendungen, die
verschiedenen Modelltypen und die Querverbindungen machen die
informelle Semantik der Theorie aus [Stegmüller, W. 1979, S. 478 ff].
Bezeichnet Q die Menge aller Querverbindungen von T, so können
wir festhalten:

Eine *empirische Theorie* wird (im Sinne der Strukturalisten) aufgefaßt
als ein Quintupel (M_{pp}, M_p, M, Q, I) mit

M_{pp} :   Menge aller partiellen Modelle

M_p :   Menge aller potentiellen Modelle

M   :   Menge aller Modelle

Q   :   Menge aller Querverbindungen

I   :   eine Menge intendierter Anwendungen

Die oben formulierte empirische Behauptung einer Theorie muß man durch den folgenden Nachsatz ergänzen: „ ... *und zwar so, daß die Querverbindungen erfüllt sind.*"

Die angesprochene *informelle Semantik* einer empirischen Theorie kommt in der Stufung der Modelle zum Ausdruck, der Aufnahme der intendierten Anwendungen in die Theorie sowie der Aufnahme von Nebenbedingungen, um verschiedene Anwendungen zu harmonisieren.

Um Graduierungen von Theorien — z. B. Spezialisierungen — genauer erfassen zu können, spricht man bei rekonstruierten Theorien von *Theorie-Elementen.* Das üblicherweise als Theorie bezeichnete Konstrukt wird so ersetzt durch ein (*Theorien-*)*Netz* von Theorie-Elementen.

Bemerkung: Auf die so beschriebene Darstellung empirischer Theorien werde ich mich im folgenden beziehen.

4 Eine Konsequenz

Nennen wir die theoretischen Konstrukte, die die Mathematiker des 19.
Jh.s zur Lösung ihrer Probleme entwickelten, „Theorien", so drängt
sich nach dem, was gerade ausgeführt wurde, die Konsequenz auf,
daß es empirische Theorien — oder zumindest Teile von solchen —
waren, die sie formulierten. Denn sie sahen ihre Themen als empirisch
verortet an, verstanden ihre Arbeit wie empirisch arbeitende Wissenschaftler, und auch ihre Begriffe hatten den gleichen Status wie die
der Naturwissenschaftler.

Damit stellt sich die Frage, in welcher Form sich mathematische
Inhalte als Teile empirischer Theorien darstellen lassen. In den im
Vorwort genannten Arbeiten [2009, überarbeitet 2020a] haben wir[8] im
Rahmen der Zahlbegriffsentwicklung an mehreren Beispielen gezeigt,
wie sich diese Frage beantworten läßt. Zur Darstellung empirischer
Theorien haben wir die Form gewählt, die von den Strukturalisten
entwickelt und die vorstehend erläutert wurde.

Da in [2009/2020a] auch die negativen ganzen Zahlen behandelt wurden, greife ich dieses Beispiel auf, um an ihm anzudeuten, wie ein
mathematischer Inhalt sich in eine empirische Theorie einbinden läßt.
Auch möchte ich zeigen, daß sich die Äußerungen Kleins problemlos
in diesen Kontext einfügen. Denn die oben wiedergegebenen Zitate
von ihm zur Einführung der negativen ganzen Zahlen kann man lesen,
als seien sie einem naturwissenschaftlichen Theorieteil entnommen,
d. h. Klein behandelt die Einführung der negativen Zahlen — ein mathematisches Thema — (im Rahmen der Schulmathematik) offenbar
wie den Teil einer empirischen Theorie.

---

[8]Im folgenden wähle ich wiederholt die „wir–Form", wenn ich auf Texte zu-
rückgreife, die gemeinsam mit meinen Mitautoren erarbeitet wurden.

In [1990] (vgl. [2009/2020a]) haben wir die Einarbeitung mathematischer Inhalte in empirische Theorien mit einem methodologischem Rahmen versehen. Da mir die methodologische Ausarbeitung der Mathematikdidaktik nach wie vor verbesserungsbedürftig erscheint, werde ich die damaligen Ausführungrn hier erneut aufgreifen.

Der Punkt, an dem unsere Überlegung in [1990] ansetzte, war die Frage: Wie kann die didaktische Bearbeitung eines fachlichen Inhaltes begründet werden?

Mathematische Inhalte — so auch die, die in den Unterricht übernommen werden sollen — liegen in der Regel als Theorien oder Theorieteile vor. Die didaktische Bearbeitung eines solchen Theorieteils nennen wir eine *didaktische Konzeption*. Sie trifft eine inhaltliche Auswahl, ordnet die ausgewählten Inhalte an und gibt ihnen eine — gegebenenfalls vom fachlichen Lehrbuch abweichende — Darstellung.

Die didaktische Konzeption steht — so wollen wir sie verstanden wissen — zwischen dem fachlichen Lehrbuch und dem Schulbuch. Wir könnten auch sagen: zwischen dem fachlichen Lehrbuch und dem Unterrichtsentwurf. Da Unterrichtsentwürfe aber in der Regel inhaltlich auf das Schulbuch zurückgreifen, orientieren wir uns an diesem.

Die didaktische Bearbeitung der Fachinhalte — also die didaktische Konzeption — bedarf aus unserer Sicht einer Begründung. Wir nennen diese Forderung das *Rechtfertigungsproblem* der didaktischen Konzeption. Aus der inhaltlichen Bestimmung der didaktischen Konzeption folgt notwendig, daß sie sich nur didaktisch begründen läßt.

Bemerkung: Die Frage der Rechtfertigung didaktischer Entscheidungen hat in der Mathematikdidaktik nicht den erforderlichen Stellenwert. Dies ist eine wesentliche Konsequenz einer Arbeit von Heinrich Winter über „Didaktische und Methodische Prinzipien" [1984].

Wie läßt sich das Rechtfertigungsproblem einer didaktischen Konzeption lösen? Wir meinen, daß bestimmte Forderungen zu formulieren sind, an deren Erfüllung die didaktische Konzeption zu messen ist.

Diese Forderungen orientieren sich nach unserer Auffassung an der Beziehung zwischen Unterrichtsinhalt und Schüler. Da wir diese als eine zentrale Beziehung für die fachdidaktische Arbeit ansehen, sprechen wir von *methodologischen Forderungen* (an die Mathematikdidaktik). Im einzelnen lauten sie:

— Es ist der Zweck anzugeben, zu dem der Schüler den neu einzuführenden Inhalt erlernen soll;

— es ist anzugeben, wie der neu einzuführende Inhalt dem genannten Zweck dienen kann;

— es sind die systematischen Voraussetzungen, auf die zurückgegriffen wird, detailliert anzugeben.

Man kann natürlich gegen diese Forderungen Vorbehalte anmelden. Man kann auch andere Forderungen für wesentlicher halten. Dies ist aus unserer Sicht nicht entscheidend. Entscheidend ist vielmehr, daß überhaupt dergleichen Forderungen formuliert werden, um zu explizieren, welchen Vorgaben die didaktische Konzeption zu genügen hat.

Die Antworten auf die methodologischen Forderungen, denen gemäß also die didaktische Konzeption zu erarbeiten ist, nennen wir *didaktische Postulate*. Wie die beiden ersten Forderungen zeigen, sind nach Auswahl eines mathematischen Inhaltes unterschiedliche Postulate und damit unterschiedliche didaktische Konzeptionen dieses Inhaltes möglich.

Den entscheidenden Begriff der didaktischen Konzeption wollen wir wie folgt präzisieren. Als *didaktische Konzeption* bezeichnen wir eine Theorie der mathematischen Inhalte — also eines mathematischen Theorieteils — mit den didaktischen Postulaten als Leit- oder Konstruktionsprinzipien, die in ihren Aussagen letztere expliziert. Wenn die didaktische Konzeption einerseits den Postulaten genügen soll, andererseits sich als Theorie darstellt, so ist klar, daß man bei der Formulierung der Theorie die Postulate in Blick halten muß. Dies drücken wir mit den Worten aus: Die Postulate können als Konstruktionsprinzipien der Theorie aufgefaßt werden.

Bemerkung: Die in Kap. 1 zitierte Zusammenfassung seiner Vorüberlegungen zu einem Unterrichtsentwurf „Geometrie", die Wittenberg formuliert, treffen i. w. die Intention, die wir mit didaktischen Postulaten zu den beiden ersten methodologischen Forderungen verbunden haben.

Eine didaktische Konzeption ist eine Theorie. Somit sind ihre Einzelaussagen und ihre Schlüssigkeit rational überprüfbar. Es ist also rational überprüfbar, ob die Aussagen der didaktischen Konzeption die didaktischen Postulate explizieren. Auch dann ist die Frage der Angemessenheit einer didaktischen Bearbeitung mathematischer Inhalt nicht mit logischen Mitteln entscheidbar — das war ja auch nicht zu erwarten —, aber sie unterliegt auch nicht mehr ausschließlich dem subjektiven Urteil. Didaktische Postulate und didaktische Konzeption sind sachlogisch aufeinander bezogen wie eine mathematische Theorie und der Grundsatz, daß ihre Beweise logisch vollständig und korrekt sein müssen, einen sachlogischen Bezug haben.

Expliziert die Theorie die didaktischen Postulate, so ist das Rechtfertigungsproblem der didaktischen Konzeption gelöst, diese also begründet. Umgekehrt ist die didaktische Konzeption auch eine Rechtfertigung für die didaktischen Postulate wie in den Naturwissenschaften die Prinzipien gerechtfertigt werden durch die Folgerungen, die man aus ihnen ziehen kann.

Wie ist es aber möglich, eine Theorie zu formulieren, die mathematische Aussagen umfaßt und die als Explikation didaktischer Postulate verstanden werden kann? Offensichtlich kann diese Theorie keine mathematische Theorie — im heutigen Verständnis — sein, denn eine solche ist ohne ontologische Bindung und kann daher keine Aussagen über Zwecke und deren Realisierung machen. Anders ist dies bei empirischen oder normativen Theorien, die Aussagen über reale Objekte oder getroffene Vereinbarungen machen, und damit über eine starke ontologische Bindung verfügen. Lassen sich also die mathematischen

Aussagen in eine empirische oder normative Theorie integrieren — eine solche Theorie läßt sich strukturalistisch rekonstruieren —, so kann man die Frage stellen und auch beantworten, ob eine solche die didaktischen Postulate expliziert. Wir sehen daher in der strukturalistischen Metatheorie prinzipiell ein Mittel, eine didaktische Konzeption formal zu beschreiben, was die Überprüfung ihrer Rechtfertigung wesentlich erleichtert.

Die Frage liegt nahe, ob sich die vorstehende Überlegung auf das Konzept „Didaktisches Prinzip" übertragen läßt.

Während man in der Literatur zahlreiche Beispiele didaktischer Prinzipien findet, wird eher selten versucht, den Begriff zu präzisieren. In der Regel wird auf die Formulierung „Konstruktive Regeln einer praktischen Erziehungslehre" von Erich Wittmann [1975, S. 231] zurückgegriffen. Nun geht es wie in jedem Unterricht auch im Mathematikunterricht um Erziehen, aber das Thema der Mathematikdidaktik ist in erster Linie die Vermittlung mathematischen Wissens und Könnens. Man sollte daher vielleicht von Konstruktiven Regeln einer praktischen „Vermittlungslehre" sprechen. Wesentlicher als solche terminologische Fragen ist aber, daß das didaktische Prinzip — in welcher Auffassung auch immer — eng an die praktische Unterrichtsführung gebunden ist. Trotzdem gibt es beachtliche Unterschiede unter den Prinzipien. Während die einen — wie z. B. das sog. „Verinnerlichungsprinzip":

„Der Mathematikunterricht aller Stufen sollte von einer konkret–anschaulichen Darstellung (konkret–handelnd; zeichnerisch–ikonisch; Beispiele, mit denen man anschauliche Vorstellungen verbinden kann) allmählich zu einer abstrakt–symbolischen Darstellung (Fachtermini und mathematische Zeichen verwendend) übergehen — mit dem Ziel, daß der Schüler mit der abstrakten Formulierung immer noch eine konkrete Vorstellung verbinden kann.

Deshalb ist diese Prinzip untrennbar mit dem folgenden *Verzahnungsprinzip* verbunden:

Die Verinnerlichungsstufen sind nicht isoliert voneinander zu durchlaufen, sondern müssen eng miteinander verzahnt werden." [Zech, F. 1996, S. 116/117]

— dem Unterrichtenden schon nahezu methodische Vorgaben macht,

sind andere — z. B. das unten angesprochene *Genetische Prinzip*
— sehr viel offener und haben einen eher konzeptionellen Charakter. Winter spricht vom Genetischen Prinzip als einem *Leitprinzip*.
Leitprinzipien sind solche, um die sich weitere Prinzipien zentrieren
lassen.

„In dem Leitprinzip konzentriert sich das, was für das ganze Spektrum
unterrichtlicher Entscheidungen und Maßnahmen als Dreh– und Angelpunkt
angesehen wird. Aus ihm werden weitere Prinzipien abgeleitet, wenn auch
nicht deduktiv, so doch im Sinn eines Naheliegens, Dazupassens." [1984, S.
125]

In Sinne eines derartigen Leitprinzips möchte ich den Terminus „Didaktisches Prinzip" hier verstanden wissen.

Zunächst ist zu fragen, ob das Freudenthalsche Prinzip als eigenständiges Prinzip zu betrachten ist. Da es die Entwicklung eines bestimmten
Verständnisses von Mathematik beinhaltet, damit eine ausgeprägte
genetische Komponente hat, ist es dem Genetischen Prinzip als Leitprinzip zuzuweisen. Eine passende Charakterisierung dieses Prinzips
formuliert Wittmann:

„Eine Darstellung einer mathematischen Theorie heißt *genetisch*, wenn sie
an den natürlichen *erkenntnistheoretischen Prozessen der Erschaffung und
Anwendung von Mathematik* ausgerichtet ist. Entsprechend der Tatsache,
daß sich Theorien in den exakten Wissenschaften bei der Untersuchung von
Problemen durch Verfeinerung primitiver Vorformen entwickelten und weiter
entwickeln, kann man eine genetische Darstellung durch folgende Merkmale
charakterisieren:

Anschluß an das Vorverständnis der Adressaten,

Einbettung der Überlegung in größere ganzheitlich Problemkontexte
außerhalb oder innerhalb der Mathematik,

Zulässigkeit einer informellen Einführung von Begriffen aus dem Kontext heraus,

Hinführung zu strengen Überlegungen über intuitive oder heuristische
Ansätze, durchgehende Motivation und Kontinuität,

während des Voranschreitens allmähliche Erweiterung des Gesichtskreises und entsprechende Standpunktverlagerungen." [1974, S. 97/98]

Obwohl die Ausprägung der genannten Merkmale in den Anwendungen des Prinzips unterschiedlich zum Ausdruck kommen dürfte, sieht man doch sofort, daß das Freudenthalsche Prinzip in den Kontext des Genetischen Prinzips gehört. Schubring, der eine erste umfassende Untersuchung dieses Prinzips vorlegte, unterstreicht diese Auffassung:

„Und es ist das von Freudenthal und Wittenberg gegen die Strukturmathematik entwickelte didaktische Prinzip ‚Wiederentdeckung von Anfang an' gewesen, das dann von Wagenschein zur Grundlage seiner Propagierung des genetischen Prinzips gemacht worden ist." [1978, S. 170]

Speziell für das Freudenthalsche Prinzip gilt, daß das erste, dritte und vierte der Wittmannschen Merkmale besonders ausgeprägt sind, dem Prinzip daher eine gewisse Eigenständigkeit zuerkannt werden kann.

Während „genetisch" zunächst als „historisch–genetisch" verstanden wurde — mit der Entwicklung des *Begriffs* im Zentrum des Interesses — kam gegen Ende des 19. Jh.s die „psychologisch–genetische" Auffassung auf, in deren Mittelpunkt die *Tätigkeit* steht. Nach dieser Auffassung entwickelt das Kind die Mathematik aus seinem Alltagswissen, seiner Erfahrung im Umgang mit der WELT, wie es dem Freudenthalschen Prinzip entspricht.

Damit greifen das Freudenthalsche Prinzip und und die Einarbeitung der vom Schüler aus seinem Alltagswissen entwickelten Mathematik in eine empirische Theorie in idealer Weise ineinander, und die in der empirischen Theorie erforderliche Unterscheidung von vortheoretischen und theoretischen Begriffen und die an letztere gebundene Notwendigkeit der Begründung zwingen den Schüler, sich mit dem Konzept „Begriff", z. B. seiner Funktion bei der Entwicklung einer Theorie, auseinanderzusetzen. Ein Reduktion auf die rein psychologische Komponente der Begriffsentwicklung wird so verhindert.

Die beiden Auffassungen des Genetischen Prinzips, die historisch-genetische und die psychologisch–genetische, heben stark auf das sog.

biogenetische Grundgesetz ab. Schubring ordnet sie wie folgt ein:
„Praktisch gibt es eine Arbeitsteilung zwischen den beiden Hauptvarianten
des Genetischen: Das Historisch–Genetische bestimmt die ‚Makroebene'
— den Ablauf des Lehrgangs — gemäß der historischen Entwicklung der
Wissenschaft. Das Psychologisch–Genetische bestimmt die ‚Mikroebene': das
methodische Vorgehen in der einzelnen Unterrichtsstunde oder –einheit —
es tritt also vor allem als Abstraktionsauffassung auf." [1978, S. 194]

Bemerkung: Die oben von Wittenberg angegebene Charakterisierung
von „genetisch" ist zwar wesentlich kursorischer als diejenige von
Wittmann, läßt sich aber unschwer unter diese subsumieren. Die
historisch–genetische Auffassung des Genetischen Prinzips kommt
bei Wittenberg darin zum Ausdruck, daß er die geistesgeschichtliche
Bedeutung der Mathematik im Blick behält.

Bevor ich mich dem Rechtfertigungsproblem zuwende, möchte ich die
kritische Beurteilung didaktischer Prinzipien von Eberhard Dahlke
aufgreifen [1982], die sich allerdings, wenn ich sie recht verstehe, in
erster Linie auf didaktische Prinzipien im engeren Sinne bezieht. In
einem entscheidenden Punkt betrifft sie aber sicherlich auch die sog.
Leitprinzipien: Es sind die Quellen der Prinzipien darzulegen.

Im Falle des Genetischen Prinzips werden diese schon weitgehend aus
der zitierten Charakterisierung von Wittmann deutlich. Eine, vielleicht *die* Quelle ist der Wunsch des Lehrenden, dem Lernenden ein —
aus seiner Sicht — angemessenes Bild von Mathematik zu vermitteln.
Eine entscheidende Quelle ist demnach die Auffassung, die der Lehrer
von Mathematik hat, wenn er sich bemüht, dem Schüler ein adäquates
Bild von Mathematik zu vermitteln, was natürlich ein angemessenes
Verständnis der mathematischen Arbeitsweise beinhaltet. Und dies
auf allen Schulstufen. Da sich das „adäquate Bild" von Mathematik wandelt, sind heute damit weniger die historischen Quellen des
Prinzips von Interesse als vielmehr seine Ausprägungen im 20. Jh.,
speziell nach dem 2. Weltkrieg. Wesentlich ist, daß die Protagonisten
dieser Zeit — in Deutschland waren dies Otto Toeplitz, Alexander
Israel Wittenberg, Freudenthal und vor allem Martin Wagenschein —

keine großen didaktischen Konzeptionen veröffentlichten, aus denen sie das Prinzip ableiteten, sondern daß dieses sich aus der Reflexion ihrer eigenen Lernprozesse und ihrer Lehrerfahrung als Folgerung ergab (Ein wesentlicher Antrieb war allerdings für einige eine ausgesprochene Skepsis gegenüber der New Math – Bewegung.). Sie alle verfügten über eine breite und tiefe mathematische Ausbildung — bei Wagenschein vielleicht etwas stärker auf die Physik ausgerichtet. Aus ihrer Begeisterung für das Fach und ihrem Engagement als Lehrer ergab sich der Wunsch, das eigene Verständnis den Schülern weiterzugeben. Ein wichtige Quelle des Genetischen Prinzips, wie es sich heute darstellt, ist somit die persönliche Sichtweise einiger hervorragender Mathematiklehrer, die diese durch die Einsichten stützen konnten, die sie als produktiv tätige Mathematiker gewonnen hatten. Es sind also keine objektivierten Ergebnisse, auf die sich das heutige Verständnis des Genetischen Prinzips berufen kann.

An das Gesagte schließt sich Schubrings Bemerkung an:

„Auch bei solchen stark auf die Motivation abhebenden Auffassungen dient das Genetische praktisch nur der Einführung von Begriffen, an die sich eine weitere systematische Behandlung anschließen kann." [1978, S. 191]

Wenden wir uns nun dem Rechtfertigungsproblem zu. Auch bei einer offenen Auffassung von didaktischen Prinzipien dürfte es schwierig sein, methodologische Forderungen zu stellen, die alle gängigen Prinzipien abdecken — als Beispiele betrachte man etwa das Genetische Prinzip und das auf Jerome S. Bruner zurückgehende Spiralprinzip [1972]. Es erscheint daher angebracht, schon die methodologischen Forderungen auf einzelne Prinzipien zu beziehen.

Die beiden ersten methodologischen Forderungen lassen sich mit Blick auf das Freudenthalsche Prinzip wie folgt formulieren:

- Es ist anzugeben, welches Bild von Mathematik (Status der Begriffe, Begründung und Konsistenz der Aussagen etc.) der Unterricht dem Schüler vermitteln soll;

  Bemerkung: Winter greift in der schon erwähnten Diskussion didaktischer Prinzipien diesen Punkt auf und betont die Wichtigkeit, ihre normativen Voraussetzungen zu klären [ebd., S. 137].

– es ist anzugeben, in welcher Weise eine Unterrichtskonzeption gemäß dem Freudenthalschen Prinzip dem genannten Ziel dient.

– es sind die systematischen Voraussetzungen, auf die zurückgegriffen wird, detailliert anzugeben.

Die dritte Forderung dürfte nur dann auf auf das Freudenthalsche Prinzip übertragbar sein, wenn sie sich auf einen bestimmten Inhalt bezieht, also dann, wenn die Rekonstruktion einer bestimmten empirischen Theorie intendiert ist.

Mögliche didaktische Postulate für das Freudenthalsche Prinzip wären:

(P 1) Der Zweck, den Unterricht gemäß dem Freudenthalschen Prinzip zu gestalten, ist, beim Schüler ein Verständnis der ihm angebotenen Mathematik zu erreichen, das ihm einen Einblick vermittelt, in welcher Weise Mathematik dazu dienen kann, Probleme seiner Umwelt zu verstehen.

(P 2) Ein Unterricht gemäß dem Freudenthalschen Prinzip führt zu einem Verständnis von Mathematik, das dem entwicklungspsychologischem Stand des Schülers entspricht, da der Unterricht von empirischen Vorgaben ausgeht, Begriffe mit einer starken ontologischen Bindung verwendet und seine Aussagen in einer Sprache formuliert und (empirisch oder logisch) begründet, die dem gewählten Kontext entspricht.

Wie bei didaktischen Konzeptionen lassen sich auch bei den didaktischen Prinzipien unterschiedliche methodologische Forderungen stellen, die dann zu anderen didaktischen Postulaten führen. Die mit der Rechtfertigung verbundene Intention wird davon nicht berührt.

Um auf die Einarbeitung mathematischen Wissens in eine empirische Theorie zurückzukommen zeige ich im folgenden beispielhaft, wie sich die Behandlung der ganzen Zahlen als eine empirische Theorie rekonstruieren läßt[9] und stelle dazu das Guthaben – Schulden – Modell in den Vordergrund, da dieses sich gegenüber anderen symmetrischen Skalen — wie man sie z. B. zur Angabe von Temperaturen oder Zeitangaben verwendet — dadurch auszeichnet, daß Guthaben und Schulden sich inhaltlich unterscheiden und die Unterscheidung nicht durch die willkürliche Setzung eines Nullpunktes vorgenommen wird.

Um die Rekonstruktion vorzubereiten, deute ich den Weg an, der zu einer empirischen Theorie geführt hat, in die die ganzen Zahlen eingebunden sind. Auf diese Weise erhält man gleichzeitig eine Vorstellung davon, wie sich der Prozeß, mathematische Inhalte in empirische Theorien einzubinden, darstellt.

Das Verständnis der natürlichen Zahlen beginnt für Kinder mit der Anwendung verschiedener *Zahlaspekte* (Anzahlen, Maßzahlen, Zählzahlen, Ordinalzahlen, ...), die — weitgehend — sukzessive aufeinander aufbauen und sich als je eigene empirische Theorien rekonstruieren lassen. Unter Berücksichtigung der Ergebnisse von Karen C. Fuson und der theoretisch oder empirisch gewonnenen Einsichten anderer Untersuchungen, die sie zu einer Theorie der Zahlbegriffsentwicklung zusammenfaßte [1988], haben wir den Aspekt „Zählzahlen" an den Anfang unserer Rekonstruktion gestellt.

Hier beginne ich die Rekonstruktion nicht mit den Zählzahlen sondern greife an späterer Stelle in den Prozeß ein und beginne mit dem Maßzahlaspekt.

Die didaktischen Postulate lauten:

(P 1) Der Zweck, zu dem der Schüler natürliche Zahlen und den Umgang mit ihnen erlernt, ist die Bewältigung von Alltagsproblemen.

---

[9]Eine ausführliche Darstellung findet der Leser in [2009/2020a]

(P 2) Zählzahlen werden behandelt als Maßzahlen.

(P 3) Systematische Voraussetzung für das Erwerb von Maßzahlen sind

— über $\langle \mathbb{Z}; \preceq \rangle$, die (reflexive) lineare Ordnung (eines Anfangsstücks) der Zählzahlen zu verfügen,

— über eine empirische Theorie des Längenvergleichs zu verfügen.

Bemerkung: Die zweite Bedingung stellt i. w. sicher, daß die in $M_{pp}(T_M)$ (ii) genannten Bedingungen der Relation ϱ erfüllt sind. Denn die Handhabung qualitativer Vergleiche und Verfahren des Zusammenfügens (z. B. von Stäben oder gerader Zeichenblattlinien) sowie das Verfügen über ihre Gesetzmäßigkeiten ist eine notwendige Voraussetzung, um ein Maßzahltheorie zu erwerben.

Das *Theorie-Element* T_M (M für „Maßzahl").

$M_{pp}(T_M)$: Gegeben seien Systeme $\langle D, \varrho, \kappa \rangle$ mit

(i) D: eine Menge von Objekten z. B. Stäben, geraden Zeichenblattlinien ...

(ii) $\varrho \subseteq D^2$, eine qualitative Vergleichsrelation z. B. bzgl. der Eigenschaft „lang sein".

ϱ darf als reflexiv, transitiv und konnex betrachtet werden, da die Kinder die Objekte so handhaben, als besäße die Relation diese Eigenschaften.

(iii) $\kappa \subseteq D^3$, eine qualitative Operation des Zusammenfügens z. B. des Hintereinanderlegens von Stäben

Definiert man $a \sim b \Leftrightarrow a \varrho b \wedge b \varrho a$, so ist $\sim$ eine Äquivalenzrelation.

bez.: $\dot{a} = \{b \mid b \in D \wedge b \sim a\}$

$\dot{D} = \{\dot{a} \mid a \in D\}$

Die Relation κ wird wie folgt auf die Äquivalenzklassen übertragen:

def.: $\tilde{\kappa}(\dot{a}, \dot{b}, \dot{c}) \Leftrightarrow \bigvee_{a' \in \dot{a}} \bigvee_{b' \in \dot{b}} \bigvee_{c' \in \dot{c}} (\kappa(a', b', c'))$

$M_p(T_M)$: zu $M_{pp}(T_M)$ werden hinzugefügt:

(i) $f_e \subseteq \dot{D} \times \mathbb{Z}$

(ii) $\omega \subseteq \mathbb{Z}^3$

$M(T_M)$: Die Bedeutung der zu $M_{pp}(T_M)$ hinzugefügten Terme wird wie folgt festgelegt:

(i) Es seien $e \in D$ und f_e eine Abbildung, die gewissen Objekten wie folgt Zählzahlen zuweist:

   def.: $(\dot{e}, 1) \in f_e$

   $\dot{d} \neq \dot{e} \wedge n \neq 1 \Rightarrow ((\dot{d}, n) \in f_e \leftrightarrow$ d läßt sich aus n Objekten

   e' zusammensetzen, die jeweils zu e äquivalent sind)

(ii) ω überträgt das Zusammenfügen von Objekten vermöge $\tilde{\kappa}$ auf die Zählzahlen:

   $((\dot{a}, m) \in f_e \wedge (\dot{b}, n) \in f_e \wedge (\dot{c}, l) \in f_e) \Rightarrow ((\tilde{\kappa}(\dot{a}, \dot{b}, \dot{c}) \leftrightarrow \omega(m,n,l))$

   Interpretation: $\omega(m,n,l) \Leftrightarrow$ *Weiterzählen* von m um n mit dem Ergebnis l

def.: $\dot{d}$ heißt e-*kommensurabel* $\Leftrightarrow \bigvee_{n \in \mathbb{Z}} ((\dot{d}, n) \in f_e)$

$K_e = \{\dot{d} \mid \dot{d}$ ist e-kommensurabel$\}$ heißt *Kommensurabilitäts-bereich* von e

bez.: $\dot{d} = \hat{n} \dot{e} \Leftrightarrow \dot{d} \in K_e \wedge f_e(\dot{d}) = n$

Damit läßt sich schreiben

$$K_e = \{\hat{n} \dot{e} \mid n \in \mathbb{Z}\}$$

Vermag der Schüler die Zahlenwerte im Kommensurabilitätsbereich zu bestimmen, so erhalten die Zählzahlen eine neue Qualität, sie erhalten den Charakter von Maßzahlen.

Wir kommen zum Theorie–Element T_{OP} (OP für „Operator"). Es thematisiert den Umgang mit additiven Operatoren.

Das Postulat (P 1) kann übernommen werden. Damit verbleiben

(P 2) Zählzahlen werden behandelt als Operatoren auf Systemen von (Realisanten von) Größen.

Wir gehen davon aus, daß der Schüler mit dem Erwerb der Maßzahlen ebenfalls erlernt, was man unter einer Größe versteht — im Sinne eines Paares aus Maßzahl und Maßeinheit.

(P 3.1) Vorausgesetzt wird die Kenntnis einfacher Veränderungen von (Realisanten von) Größen wie das Vergrößern oder Verkleinern aller Elemente eines Systems um einen konstanten Betrag.

(P 3.2) Systematische Voraussetzung für das Erlernen des Umgangs mit Operatoren ist, über das Theorie – Element T_M — oder ein ihm logisch äquivalentes — zu verfügen.

An die Modellklasse $M(T_M)$ stellen wir folgende Bedingung (ein sog. *Spezialgesetz*):

$$S(T_M): \bigwedge_{e \in D} \bigwedge_{k \in \mathbb{Z}} \bigvee_{d \in D} (f_e(\dot{d}) = k), \text{d. h. } \bigwedge_{e \in D} \bigwedge_{k \in \mathbb{Z}} \left(\hat{k}\,\dot{e} \in \dot{D} \right)$$

Mit Hilfe der Abbildung f_e und der Relation ω läßt sich nun eine Addition unter den Maßzahlen einführen. Wir definieren:

$$m, n, l \in \mathbb{Z}$$
$$l = m + n \underset{\text{def.}}{\Longleftrightarrow} \omega(m, n, l)$$

Bemerkung: Versteht man im Theorie–Element T_M ė als Klasse der Realisanten eines Einheitsmaßes — kurz als ein Einheitsmaß — , so lassen sich die Maßzahlen von Größen, die mit diesem Einheitsmaß bestimmt werden, addieren, und die Definition von + gibt an, wie diese Addition erfolgt: durch Weiterzählen.

Nun zum Operatorbegriff. Wir definieren:

$$a \in D \Rightarrow \bigvee_{e \in D} ((\dot{a} \in K_e \leftrightarrow \bigvee_{n \in \mathbb{Z}} (\dot{a} = \hat{n}\,\dot{e}))$$

$$k \in \mathbb{Z} \underset{S(T_M)}{\Longrightarrow} \hat{k}\,\dot{e} \in \dot{D} \wedge \widehat{n + k}\,\dot{e} \in \dot{D}$$

def.: $[+k]: K_e \to K_e : (\dot{a} \mapsto \dot{b} \Leftrightarrow \tilde{\kappa}(\dot{a}, \hat{k}\,\dot{e}, \dot{b}))$

$[+k]$ heißt ein *additiver Operator* auf K_e

Betrachten wir ė als Einheitsgröße, so folgt:

$$[+k]: \dot{a}\,(= \hat{n}\,\dot{e}) \mapsto (k + n)\,\dot{e}$$

Dies ist die entscheidende Definition. Sie gibt den Zählzahlen den Charakter von Zuordnungen (Operatoren). Diese Definition anwenden zu können ist der Wissenszuwachs des Schülers. Mit Zahlen werden Vorschriften formuliert, gleichartige Objekte oder Größen um gleiche Beträge zu vergrößern.

Bemerkung: Sind $[+k]$ ein Operator, $e \in D$ und $\dot{a} \in K_e$, so schreiben wir $[+k]\,\dot{a}$ an Stelle von $[+k](\dot{a})$.

Nun können wir das Theorie–Element T_{GS} (G für „Guthaben", S für „Schulden") rekonstruieren. Auch hier werden zunächst die didaktischen Postulate formuliert, die der Rekonstruktion voranstellt werden, und an denen diese gemessen werden kann.

(P 1) Der Zweck, zu dem der Schüler ganze — insbesondere negative — Zahlen und den Umgang mit ihnen erlernt, ist die Behandlung von Alltagsproblemen.

(P 2) Die ganzen Zahlen werden behandelt als Operatoren auf symmetrischen Skalenbereichen.

def.: Eine irreflexive lineare Ordnung $(M; \prec)$ heißt ein *symmetrischer Skalenbereich*, wenn es einen Größenbereich G^{10} gibt, so daß gelten:

(1) Jedem geordneten Paar (x,y) mit x, y $\in$ M und $x \prec y$ ist eindeutig eine Größe $|x; y| \in$ G zugeordnet

(2) $x \prec y \prec z \rightarrow |x; y| + |y; z| = |x; z|$

(3) Zu jedem $x \in$ M und jedem $g \in$ G existieren y, $y' \in$ M mit $y \prec x \prec y'$ und $|y; x| + |x; y'| = g$ (vgl. [Griesel, H. 1974, S. 17])

Im Falle des Theorie–Elementes T_{GS} sind die Skalenwerte die Kontostände, die Größen die Beträge, die eingezahlt oder abgehoben werden können.

(P 3.1) Systematische Voraussetzung ist die Beherrschung des Operatorbegriffs, wie er im Theorie–Element T_{OP} entwickelt wurde.

Über (P 3.1) hinausgehend gehen wir davon aus, daß der Schüler neben additiven Operatoren [+k] — im folgenden kurz mit [k] bezeichnet — auch die ihnen entsprechenden inversen Operatoren der Form [–k] kennt. Wir nennen die Operatoren der Form [–k] *inverse additive Operatoren*. Operationalisiert werden sie durch Rückwärtszählen.

(P 3.2) Ausgangspunkt der Konstruktion ist die Kenntnis symmetrischer Skalen, wie man sie zur Angabe von Temperaturen oder eben im Guthaben – Schulden – Modell verwendet.

Wir wollen den Rahmen abstecken, den das zu formulierende Theorie–Element T_{GS} der Kontobewegungen ausfüllen soll.

---

[10]Eine linear geordnete Abelsche Halbgruppe G mit der Zusatzbedingung a < b $\leftrightarrow \bigvee_{c \in G} (a + c = b)$.

Im Sinne von (P 3.2) sollte dem Schüler folgendes über Konten und Kontoführung vertraut sein:

1. Ein Konto kann ein Guthaben ausweisen, kann Schulden ausweisen oder kann ausgeglichen sein.

2. Jeder Betrag, den ein Konto als Guthaben ausweist, kann — zumindest prinzipiell — auch als Schulden ausgewiesen werden und umgekehrt.

3. Einzahlungen erhöhen das Guthaben oder mindern die Schulden, Auszahlungen mindern das Guthaben oder erhöhen die Schulden.

Dieses beim Schüler vorausgesetzte Wissen sowie dasjenige Wissen über Kontobewegungen, das er im Rahmen einer empirischen Theorie erwerben soll, fassen wir im Theorie – Element T_{GS} zusammen.

Die *partiellen Modelle* $M_{pp}(T_{GS})$ umfassen:

(i) $\langle \mathbb{Z}; \preceq \rangle$, die geordneten Zählzahlen,

(ii) zwei zu den Zählzahlen bijektiv und isoton geordnete Mengen $D, \bar{D}$ von Maßzahlen mit jeweils auf ihnen gemäß T_{OP} definierten additiven Operatoren, die der Bedingung genügen: $D \cap \bar{D} = \emptyset$

Bemerkung: Um das Theorie–Element der Auffassung der Schüler möglichst anzupassen (über ein Guthaben zu verfügen oder Schulden zu haben werden als voneinander unabhängige Zustände angesehen), geben wir für die (künftigen) Guthaben (D) und die (künftigen) Schulden ($\bar{D}$) formal identische Strukturen an.

Für die *potentiellen Modelle* $M_p(T_{GS})$ werden über $M_{pp}(T_{GS})$ hinaus vorausgesetzt und gefordert:

(i) Einheitsgrößen e und $\bar{e}$ in D bzw. $\bar{D}$

(ii) Der linearen Ordnung $\langle \mathbb{Z}; \preceq \rangle$ wird ein kleinstes/erstes Element hinzugefügt, das 0 geschrieben wird und ein Zahlwort bezeichne, das nicht unter den Zahlwörtern aus $\mathbb{Z}$ vorkommt. Statt $\mathbb{Z} \cup \{0\}$ schreiben wir im folgenden $\bar{\mathbb{Z}}$.

Bemerkung: Die vorstehende Bedingung führt das Element 0 als Variable in das Theorie–Element ein, um sicherzustellen, daß auf 0 zurückgegriffen werden kann. In der Regel dürfte auf der hier angesprochenen Klassenstufe die Handhabung der Zahl 0 dem Schüler vertraut sein. Geht man davon aus, so kann man auf die vorgenannte Forderung verzichten und in den partiellen Modellen jeweils $\mathbb{Z}$ durch $\bar{\mathbb{Z}}$ ersetzen.

bez. : $[\mathbb{Z}] = \left\{ [k] \mid k \in \mathbb{Z} \right\}$, d. h. $[\mathbb{Z}]$ bezeichnet die Menge der Zählzahlen, *aufgefaßt* als additive Operatoren.

Dem Element 0 wird ebenfalls ein (additiver) Operator zugeordnet, der mit $[0]$ bezeichnet werde. Analog zu $\bar{\mathbb{Z}}$ schreiben wir $[\bar{\mathbb{Z}}]$ für $[\mathbb{Z}] \cup \{[0]\}$.

(iii) $\circ \subseteq [\bar{\mathbb{Z}}]^3$

Um zu kennzeichnen, daß ein Operator $[k]$ auf K_e bzw. auf $K_{\bar{e}}$ (den Kommensurabilitätsbereichen von e bzw. $\bar{e}$) operiert, bezeichnen wir ihn mit $[k]_e$ bzw. $[k]_{\bar{e}}$. Entsprechend schreiben wir $[\bar{\mathbb{Z}}]_e$ bzw. $[\bar{\mathbb{Z}}]_{\bar{e}}$ an Stelle von $[\bar{\mathbb{Z}}]$.

Die *Modelle* $M(T_{GS})$ geben den neu eingeführten Termen 0 und ∘ ihre Bedeutung:

(i) $(\mathbb{Z}; +)$ wird wie folgt ergänzt:

$$\bigwedge_{k \in \bar{\mathbb{Z}}} (0 + k = k + 0 = k)$$

(ii) $\displaystyle\bigwedge_{d \in K_e} ([0]\,\dot{d} = \dot{d}) \wedge \bigwedge_{\dot{d}' \in K_{\bar{e}}} ([0]\,\dot{d}' = \dot{d}')$

Beim Operator $[0]$ ist es folglich nicht erforderlich zu unterscheiden, ob er auf K_e oder $K_{\bar{e}}$ operiert.

(iii) ∘ ist eine Operation auf $[\bar{\mathbb{Z}}]$, definiert wie folgt:

– $[k]_e \circ [k']_e = [k + k']_e$

$$- [k]_{\bar{e}} \circ [k']_{\bar{e}} = [k + k']_{\bar{e}}$$

Bemerkung:

1. Fassen wir K_e als den Kommensurabilitätsbereich der Guthaben auf, so besagt die erste der beiden obigen Bedingungen, daß das Verketten von Operatoren die Addition von Guthaben und/oder Einzahlungen bedeutet. Entsprechendes gilt für Schulden. Die Verkettung ist die der Modellvorstellung der Operatoren adäquate Operation, die sich hier zwanglos durch die Addition ersetzen läßt. Dies ist ein gewisser Vorzug des Operatorkonzeptes.

2. Wegen schon bewiesener Aussagen gilt für $k \in \mathbb{Z}$, $e^* \in D \cup \bar{D}$ und $\dot{d} = \hat{n}\dot{e}^* \in K_{e^*}$ stets $\dot{d} \prec [k]\dot{d}$ oder — in der Schreibweise des Theorie – Elementes T_{OP} — $\dot{d} \prec (n + k)\dot{e}^*$.

Besonders wichtige Bedingungen sind die folgenden, die Guthaben und Schulden in Beziehung setzen:

$$[k]_e \circ [k']_{\bar{e}} = [k']_{\bar{e}} \circ [k]_e = [0] \Leftrightarrow k = k'$$
$$[k]_e \circ [k']_{\bar{e}} = [k']_{\bar{e}} \circ [k]_e = [k + (-k')]_e \Leftrightarrow k' \prec k$$
$$[k]_e \circ [k']_{\bar{c}} = [k']_{\bar{e}} \circ [k]_e = [k' + (-k)]_{\bar{e}} \Leftrightarrow k \prec k'$$

Bemerkung: $k + (-k')$ bedeutet „Weiterzählen um k und vom Ergebnis rückwärtszählen um k'". Entsprechendes gilt für $k' + (-k)$.

Nun zur Ordnung auf $[\bar{\mathbb{Z}}]$. Für k, $k' \in Z$ definieren wir:

$$[k]_e \underset{\text{def.}}{=} [k']_e \Leftrightarrow \hat{k}\dot{e} \underset{\tilde{\varrho}}{} \hat{k}'\dot{e}$$

$$[k]_{\bar{e}} \underset{\text{def.}}{<} [0] \underset{\text{def.}}{<} [k']_e$$

$$[k]_{\bar{e}} \underset{\text{def.}}{\leq} [k']_{\bar{e}} \Leftrightarrow \hat{k}'\dot{e} \underset{\tilde{\varrho}}{} \hat{k}\dot{e}$$

Bemerkung: Wie schon gesagt, gilt für $k \in \mathbb{Z}$, $e^* \in D \cup \bar{D}$ und $\dot{d} \in K_{e^*}$ stets $\dot{d} \prec [k]\dot{d}$ und gemäß $M(T_{GS})$ $[0]\dot{d} = \dot{d}$. Damit erweist es sich als sinnvoll, [0] als den kleinsten der auf K_e operierenden Operatoren zu betrachten. Gemäß der vorstehenden Definition ist er zugleich der größte der Operatoren auf $K_{\bar{e}}$.

Das Verständnis der Ordnung der Operatoren ist sicherlich einer der schwierigsten Punkte im Umgang mit dem Theorie–Element T_{GS}. Je größer eine Schuld ist, desto kleiner ist sie gemäß vorstehender Ordnung. Dies läßt sich wohl nur durch einen Wechsel des Standpunktes rechtfertigen: Je größer eine Schuld ist, desto weiter ist das Konto von einem Ausgleich und damit auch von einem Guthaben entfernt. Dieser Standpunktwechsel bewertet zwar Guthaben höher als Schulden, doch ist eine solche Bewertung als didaktische Anreicherung der Fragestellung durchaus legitim.

In den Modellen von T_{GS} gilt:

Die auf $[\bar{\mathbb{Z}}]$ definierte Operation $\circ$ ist kommutativ, zudem ist sie assoziativ auf den Teilmengen K_e $(e \in D)$ und $K_{\bar{e}}$ $(\bar{e} \in \bar{D})$.

Damit folgt

$$\bigwedge_{e \in D} \left((K_e; \tilde{\varrho}) \underset{f_e}{\simeq} (\mathbb{Z}; \preceq) \underset{k \mapsto [k]}{\simeq} ([\mathbb{Z}]; \leq) \right)$$

Bemerkung: $\underset{\alpha}{\simeq}$ stehe für „bijektiv und isoton vermöge α"

Außerdem wurde 0 als kleinstes/erstes Element zu $\mathbb{Z}$ und [0] als kleinstes/erstes Element zu $[\mathbb{Z}]$ hinzugefügt. Damit läßt sich die Relation $\leq$ wie folgt umschreiben (mit k, $k' \in \mathbb{Z}$):

$$[k]_e \leq [k']_e \Leftrightarrow k \preceq k'$$
$$[k]_{\bar{e}} < [0] < [k']_e$$
$$[k]_{\bar{e}} \leq [k']_{\bar{e}} \Leftrightarrow k' \preceq k$$

Es folgen:

(i) $([\bar{\mathbb{Z}}]; \leq)$ ist eine reflexive lineare Ordnung

(ii) $\circ$ ist monoton bezüglich $\leq$.

Wird der Umgang mit Kontobewegungen im Rahmen des Theorie–Elementes T_{GS} beherrscht, so sieht man leicht, z. B. wenn man sich die Kontostände auf einer mit einem Nullpunkt versehenen, nach oben und unten offenen Skala notiert, daß sich der Formalismus des Operatorrechnens auch auf andere Inhalte — die oben genannten Skalen zur Registrierung von Temperaturen, Zeitangaben o. ä. — übertragen läßt, allgemein auf symmetrische Skalenbereiche.

Die oben formulierten Aussagen umfassen i. w. das Wissen, das der Schüler im Rahmen des Theorie–Elementes T_{GS} erwirbt. Was trägt dieses Theorie–Element nun zum Verständnis der ganzen — insbesondere der negativen ganzen — Zahlen bei? In welchem Umfang ist Wissen über ganze Zahlen in das Theorie–Element integriert?

Der Kommensurabilitätsbereich der Guthaben wird von $\dot{e} = 1\text{€}$ erzeugt. Seine Elemente sind folglich von der Form $[k]1\text{€} = (k + 1)\text{€}$, d. h. $K_e = \{k\text{€} \mid k \in \bar{Z}\}$. Für den Kommensurabilitätsbereich der Schulden gilt offensichtlich das gleiche.

Gemäß $M(T_{GS})$ gelten

(i) $[k]_e \circ [k']_{\bar{e}} = [k']_{\bar{e}} \circ [k]_e = \begin{cases} [k + (-k')]_e \leftrightarrow k' \prec k \\ [k' + (-k)]_{\bar{e}} \leftrightarrow k \prec k' \end{cases}$

(ii) $[k]_e \circ [k]_{\bar{e}} = [k]_{\bar{e}} \circ [k]_e = [0]$

Es liegt damit nahe, $k + (-k) = 0$ zu setzen. Damit lassen sich für alle Paare $k, k' \in \bar{Z}$ die Lösungen der Aufgaben $[k]_e \circ [k']_{\bar{e}} = [k']_{\bar{e}} \circ [k]_e$ durch Weiter – und Rückwärtszählen bestimmen.

Bemerkung: Schon der Umgang (das „Rechnen") mit den Operatoren vermittelt dem Schüler die Auffassung, daß er 0 wie eine Zählzahl behandeln kann. Die getroffene Festsetzung ist nur der letzte Schritt, diese Auffassung zu festigen.

Denkt man sich die Elemente von $[\bar{\mathbb{Z}}]$ entsprechend der linearen Ordnung $\leq$ auf einer Skala abgetragen, so erhält man folgende Darstellung:

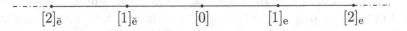

$$[2]_{\bar{e}} \qquad [1]_{\bar{e}} \qquad [0] \qquad [1]_e \qquad [2]_e$$

Da $e = \bar{e} = 1\text{€}$ gilt, kann man auf die Angabe des die Kommensurabilitätsbereiche erzeugenden Elementes verzichten. Um trotzdem Guthaben und Schulden auch in der Darstellung unterscheiden zu können, ersetzt man bei den Schulden in Übereinstimmung mit $[k]_e \circ [k]_{\bar{e}} = [k]_{\bar{e}} \circ [k]_e = [0]$ in $[k]_{\bar{e}}$ k durch – k und erhält so

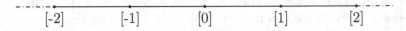

$$[-2] \qquad [-1] \qquad [0] \qquad [1] \qquad [2]$$

Man setzt daher — jetzt unabhängig von der Größe von k und k' —

$$[k] \circ [-\,k'] = [k + (-\,k')],$$

wobei Vor– und Rückwärtszählen der Ordnung $<$ der Operatoren folgt, sich speziell das Rückwärtszählen im Falle $k \prec k'$ — bei k beginnend — wie folgt darstellt:

$$-\,(k' - k), \ldots, -\,1, \, k - k, \, 1, \ldots, k - 1, k$$

also $-\,(k' - k)$ als Ergebnis hat.

Die Operatoren $[-\,k]$ nennt man *negative (ganze) Zahlen*. Zahlen, da sie mit den Operatoren der Form $[k]$ — die speziell interpretierte Zählzahlen sind und jetzt auch *positive (ganze) Zahlen* genannt werden — über die Verkettung der Operatoren durch die Addition verknüpft sind.

Bemerkung: Für die Verkettung in der Menge aller Operatoren erhält man die (volle) Assoziativität.

Welchen Status haben die so eingeführten negativen ganzen Zahlen? Es sind die bekannten Zählzahlen in einer neuen Interpretation, d. h.

das im Theorie–Element T_{GS} zu erwerbende Verständnis der ganzen Zahlen und ihrer Zerlegung in positive ganze Zahlen, negative ganze Zahlen und Null ist eng an die Modelle gebunden — was bei einer empirischen Theorie auch nicht weiter verwundert. Die enge Bindung an das Modell hat jedoch auch ihre Vorteile. So erlaubt das Modell auf natürliche Weise, zwischen 6€ Schulden (Skalenwert − 6€) und 7€ Guthaben (Skalenwert + 7€) einerseits und Größen (Einzahlungen ([4]€) und Auszahlungen ([− 6]€) andererseits zu unterscheiden, und die ihm adäquate Operation des Verkettens der Operatoren und ihre Interpretation als Weiter – oder Rückwärtszählen um die Beträge ihrer Argumente erlaubt zunächst, die Operationsregeln für die Addition ganzer Zahlen zu entwickeln, z. B.

$$[4]€ \circ [7]€ = [11]€ \Leftrightarrow 4 + 7 = 11$$

$$[- 4]€ \circ [7]€ = [3]€ \Leftrightarrow (- 4) + 7 = 3$$

$$[- 4]€ + [- 7]€ = [- 11]€ \Leftrightarrow (- 4) + (- 7) = (- 11)$$

und zwingt den Schüler, neben Handlungen niederer Ordnung (die Anwendungen der Operatoren unter Hinzuziehen des Zahlenstrahls) auch solche höherer Ordnung (die Additionen) auszuführen, was für die Ausbildung der negativen Zahlen als eigener Denkgegenstände nur förderlich ist.

Hat man die negativen Zahlen eingeführt, so besteht das nächste didaktische Problem darin, für diese eine Multiplikation zu definieren. Die damit verbundene Vorgehensweise ist weitgehend unabhängig davon, ob man die negativen Zahlen als Elemente eines formalen Theorieteils eingeführt hat oder im Rahmen einer empirischen Theorie. Unterschiedlich sollte allerdings die Bewertung dieser Vorgehensweise durch den Schüler sein, was sich im vorliegenden Falle allerdings nur schwer realisieren läßt.

Wir möchten diese Gelegenheit nutzen zu zeigen, daß der Schüler die theoretische Position, die im Unterricht entwickelt wird — mathematischer Theorieteil vs. empirische Theorie — mitunter kaum ausmachen kann.

Führt man die negativen ganzen Zahlen — wie vorstehend — im Rahmen einer empirischen Theorie ein, so hilft eine enge Bindung an das Guthaben – Schulden – Modell zur Einführung der Multiplikation nur bedingt, obwohl den Schülern Formulierungen wie „Verdoppeln eines Guthabens" oder „Verdreifachung der Schulden" als Beispiele eines multiplikativen Umgangs mit Guthaben und Schulden durchaus vertraut sein dürften. Hierbei haben die Multiplikatoren den Charakter von Operatoren, angewandt auf die Elemente eines Größenbereichs. Diese Anwendungen aufgreifend liegt es nahe, die Multiplikation als „Vervielfachung" (iterative Addition) einzuführen.

Bemerkung: Wir setzen voraus, daß die Multiplikation von Anzahlen — damit auch die Kommutativität der Operation — beherrscht wird.

Wir verwenden die üblichen Bezeichnungen.

$$k * 1 \underset{\text{def.}}{=} \underbrace{1 + \ldots + 1}_{k - \text{mal}}$$

Aus der Behandlung des Guthaben – Schulden – Modells folgen

$$k * (-1) = \underbrace{(-1) + \ldots + (-1)}_{k - \text{mal}} = -\underbrace{(1 + \ldots + 1)}_{k - \text{mal}} = -(k \cdot 1)$$

$$-(-k) = k$$
$$k * 1 = 1 * k$$
$$k * (-1) = 1 * (-k)$$

Es stellt sich jetzt die Frage, wie $*$ zu definieren ist, wenn der erste Faktor negativ ist. Der Weg, der im Unterricht (etwa Klasse 7) in der Regel beschritten wird, ist der Rückgriff auf das *Permanenzprinzip*, das im deutschsprachigen Raum mit dem Namen des Mathematikers Hermann Hankel (1839 – 1873) verbunden ist (s. o.). In seiner Formulierung lautet es:

„Wenn zwei in allgemeinen Zeichen der arithmetica universalis ausgedruckte Formen einander gleich sind, so sollen sie auch einander gleich bleiben,

wenn die Zeichen aufhören, einfache Grössen zu bezeichnen, und daher auch die Operationen einen irgend welchen anderen Inhalt bekommen." [1867]

Hankel versteht es als ein methodologisches Prinzip für die gesamte Mathematik.

Das Prinzip ist als Konstruktionsprinzip keine mathematische Definition, kein mathematischer Satz, kein Gegenstand einer mathematischen Untersuchung. Im vorliegenden Falle dient es dazu, auf die Möglichkeit hinzuweisen, die erforderlichen Definitionen wie folgt zu fassen:

$$(-k) * 1 = -(k \cdot 1)$$
$$(-k) * (-1) = k \cdot 1$$

Bei Johann Humenberger und Hans–Christian Reichel findet man hierzu einige Beispiele. Um die zweite der obigen Gleichungen zu erhalten, stützt man sich zum einen auf die auf empirischen Einsichten (Spiegelung der Zahlengeraden am Nullpunkt) beruhenden Regeln

$$a \cdot (-b) = -(a \cdot b) \quad \text{und} \quad -(-a) = a,$$

weiterhin auf

— die Gültigkeit des „Verteilungsgesetzes" für negative Zahlen.

Diese Aussage ist für einen Schüler mißverständlich. Bezieht er sie auf die Objekte, so erhält er

$$(-4) \cdot (-3) = (1 + (-5)) \cdot (-3) = ((1 \cdot (-3)) + ((-5) \cdot (-3)),$$

was ihm nicht weiter hilft.

Der Bezug auf das Permanenzprinzip ist nur hilfreich, wenn im Unterricht betont wird, daß die Subtraktion eine Operation auf den ganzen Zahlen ist. Denn auf diese Operation bezieht sich die angenommene Gültigkeit.

— die Gültigkeit des Kommutativgesetzes für die Multiplikation auch dann, wenn negative Zahlen betroffen sind·

$$(-4) \cdot 3 = 3 \cdot (-4) = -(3 \cdot 4) = -(4 \cdot 3)$$
$$(-4) \cdot (-3) = -(4 \cdot (-3)) = -(-(4 \cdot 3)) = 4 \cdot 3,$$

— die Gültigkeit von $(- a) \cdot b = - (a \cdot b)$ auch für die Division,

— die Überzeugungskraft einer Multiplikationstabelle.

Die Problematik eines solchen Vorgehens ist den Autoren natürlich bewußt:

„Gerade das Thema „Minus mal Minus ist Plus" kann möglicherweise besser als „Theoriekapitel" behandelt werden als durch mehr oder weniger „aufgepfropfte" und nicht wirklich „schlagende" Umweltbezüge, wobei selbst diese nicht allzuhäufig zu finden sein dürften. BÜRGER 1992 schreibt z. B.: „Ein Erwachsener stellte fest: ‚Ich habe nie verstanden, warum $(- 3) \cdot (- 4) = 12$ ist.' Im Gespräch stellte sich heraus, daß er diese Rechnung weder mit einer Umwelterfahrung noch mit irgendeiner anderen ‚Vorstellung' verbinden konnte." (S. 1)." [1995, S. 249/250]

Entwickelt man die negativen Zahlen als einen formalen Theorieteil, so hat das Permanenzprinzip für den Schüler den Charakter einer logischen Regel, da es die Formulierung der Definitionen vorgibt.

Ist die Entwicklung in eine empirische Therie eingebunden, so dient die Einführung theoretischer Begriffe/Gesetze dazu, Stimmigkeiten innerhalb der Theorie zu erzielen oder diese abzuschließen. Und methodologische Hilfen werden — auch vom Schüler — als heuristische Hilfen verstanden, die theoretischen Elemente geeignet zu definieren. Ob die Definitionen geeignet gefaßt werden, darüber entscheiden in empirischen Theorien erfolgreiche Anwendungen, nicht aber die Hilfen, die zur Formulierung der Definitionen herangezogen wurden. Im vorliegenden Fall besteht das Problem allerdings darin, daß die Anwendungen sämtlich formaler Art sind (vgl. die historische Entwicklung der negativen Zahlen). Für den Schüler ist es eine neuartige Situation. Bislang hatten Anwendungen stets empirischen Charakter, so bei der Behandlung der verschiedenen Aspekte der natürlichen Zahlen. Ob der Schüler die algebraischen Argumente, die bei der Einführung der negativen Zahlen als theoretischer Begriffe herangezogen werden — z. B. die durchgängige Gültigkeit von Rechengesetzen — als Anwendungen auffaßt, ist sehr die Frage. So daß auch in diesem Falle das

Permanenzprinzip eher als Teil der Theorie denn als methodologische Hilfe verstanden werden dürfte.
Man sieht, daß die Entwicklung des mathematischen Wissens im Rahmen empirischer Theorien nicht alle didaktischen Probleme löst, wenn sie auch eine Hilfe anbietet, Begriffe einzuführen und auf der Verständnisebene des Schülers zu argumentieren.

Wählt man die hier skizzierte Entwicklung des Zahlbegriffs, so erhalten die zitierten Äußerungen Kleins einen eigenen Stellenwert. In der Sprache der strukturalistischen Darstellung empirischer Theorien handelt es sich bei diesen Äußerungen um Begründungen für die Aufnahme gewisser Zeichen/Wörter als theoretische Terme/Begriffe in die Modellaxiome solcher Theorien. Dafür gibt es aber keine logischen Argumente sondern nur Gründe der Zweckmäßigkeit oder der Plausibilität.

Bemerkung: Auch für Newton gab es keine logisch zwingende Gründe, zwei Größen *Masse* (des Partikels a) und *Kraft* (die auf a ausgeübt wird) einzuführen und sie durch das 2. Newtonsche Gesetz mit dem nicht–theoretischen Begriff *Beschleunigung* (die a erfährt) zu verbinden (s. o.).

Betrachten wir unter diesem Gesichtspunkt nochmals die von Klein angesprochenen Beispiele.
Zunächst die Multiplikation negativer (ganzer) Zahlen.

Die Ausführungen von Klein sind gegenüber der vorstehenden Darstellung etwas kursorisch. Verständlich, da er keine Rekonstruktion einer empirischen Theorie anstrebte und schon gar nicht die hier herangezogene, die erst in den 1970er Jahren entwickelt wurde.

Zunächst haben wir das Zeichen „0" als theoretischer Term eingeführt. In den Modellaxiomen erhielt es die Bedeutung der Zahl „null". Die Begründung ist ein Argument der Zweckmäßigkeit, z. B. die erleichterten schriftlichen Rechenverfahren. Die Zahl null wird von Klein offenbar als schon bekannt angenommen.

Man betrachtete weiter die positiven ganzen Zahlen (inklusive der 0) und die negativen ganzen Zahlen (inklusive der 0) als positive bzw. negative Operatoren auf einem symmetrischen Skalenbereich und nahm das Rechnen mit ihnen als bekannt an (z. B. verstanden als wiederholte Anwendung des Operators — die Multiplikation, sofern der erste Faktor positiv ist).

Terme wie $-(-a)$ erhielten eine empirische Referenz durch die Spiegelung der Zahlengeraden am Nullpunkt (s. o.). Damit in Übereinstimmung wurde festgelegt:

$$-(-a) = a$$

Terme wie $(-a) \cdot b$ haben keine empirische Referenz. In den Modellaxiomen ließ sich ihnen wie folgt eine Bedeutung zuweisen:

$$(-a) \cdot b = -(a \cdot b)$$

Die Begründung dieser Zuweisung wäre wiederum ein Zweckmäßigkeitsargument. Beispiele zeigen, daß die getroffene Festlegung sinnvoll ist.

Die von Klein betrachtete Gleichung geht für $a = 0$ über in

$$(-b) \cdot (c + (-d)) = (-b) \cdot c + (-b) \cdot (-d)$$

Mit der gerade getroffenen Zuweisung und $c = 0$ erhält man

$$(-b) \cdot (-d) = -(-(b \cdot d)) = b \cdot d$$

Folglich läßt sich Kleins Überlegung problemlos als Beschreibung einer empirischen Theorie auffassen. Wie wir greift er auf das Permanenzprinzip zurück. Dieses drückt die Absicht aus, an getroffenen oder empirisch verifizierbaren Festlegungen festzuhalten — da dies sachgerecht oder denkökonomisch und damit zweckmäßig ist. Beispiele müssen zeigen, ob die Festlegungen sinnvoll sind.

Auch zu dem zweiten Beispiel, das von Klein angesprochen wird — der Bruchrechnung — kann eine Bemerkung beigetragen werden. In

[1991] und [2009/2020a], jeweils Abschn. 1.4, wurden die Brüche als Maßzahlen behandelt. Dabei zeigte es sich, daß die Multiplikation von Brüchen sich nicht durchgängig — d. h. mit allen Gesetzen — als vortheoretische Operation einführen ließ. Wollte man dies erreichen, mußte man sie als theoretischen Term einführen und ebenfalls auf ein Argument der Zweckmäßigkeit oder Plausibilität — nämlich die durchgängige Gültigkeit der Rechengesetze — zurückgreifen.

Wie das erste Beispiel zeigt, war es Klein völlig klar, wie man empirische Theorien — in heutiger Bezeichnungsweise — entwickelt und wie die entscheidenden Konstruktionselemente begrifflich in die Theorie einzufügen sind und — vor allem — wie man sie begründet.

Die Argumentation Kleins zeigt beispielhaft, wie der entscheidende Punkt einer derartigen Vorgehensweise — der Einbezug theoretischer Terme/Begriffe — zu begründen ist. Auf methodische Tricks, die eine nicht vorhandene logische Konsistenz diesbezüglicher Entscheidungen vortäuschen sollen, kann verzichtet werden.
Ein Unterricht, in dem sich solche geistigen Kopfstände vermeiden lassen, entspräche dem entwicklungspsychologischen Stand des Schülers und dürfte seine Sicht auf das Fach Mathematik deutlich klären und auf Grund der besseren Durchschaubarkeit vermutlich auch die Akzeptanz des Faches erhöhen.

Wie schon gesagt wurde, orientiert sich die empirische Theorie an den intendierten Anwendungen. Diese legen das Problem offen, das zu lösen oder zumindest zu beschreiben die Theorie entwickelt wird. Ihre begrifflichen Fassungen gehören zu den partiellen Modellen der Theorie. Von diesen geht die Theorie aus. Entwickelt der Schüler Mathematik im Rahmen einer empirischen Theorie, so verhält er sich wie ein Wissenschaftler. Die von ihm entwickelte Mathematik wird aus seiner Sicht „entdeckt", nur aus Sicht des Lehrers „wiederentdeckt". Die von Freudenthal hinzugefügte „Führung" drückt sich in erster Linie darin aus, daß der Lehrer solche Fragen behandelt, die dem Schüler einen mathematischen Zugriff ermöglichen, und ihn beim Erwerb der mathematischen Kenntnisse unterstützt, die er zur Durchführung seines Lösungsansatzes benötigt.

Dörfler faßt die Rolle des Lehrers etwas weiter:

„Die Mathematisierung muß an Problemen durchgeführt werden, die den Schüler in seiner Lebenssituation möglichst unmittelbar betreffen, wo vielleicht sogar für ihn ein echter Problemdruck besteht. Das bedeutet nicht nur Lebensnähe schlechthin, sondern Nähe zum Leben des Schülers selbst. ... Daraus ergibt sich die Aufgabe, die Lebenssituationen des Schülers zu untersuchen nach geeigneten Problemen und umgekehrt auch mathematische Teilgebiete auf diese Anwendbarkeit hin durchzusehen." [1976, S. 8]

Da der Schüler Mathematik „entdeckt" und nicht „wiederentdeckt" ist die Frage, ob die von Freudenthal gewählte Bezeichnung nicht in diesem Punkte irreführend ist. Seine Intention ist eindeutig, daß der Schüler — auf dem gleichen Weg wie vor ihm der Wissenschaftler — die Mathematik „entdecken" soll. Daß ihm dazu Führung angeboten wird, ist eine Konsequenz der pädagogischen Einrichtung, an der er sein Wissen erwirbt.

Realisiert man das Prinzip „Wieder–Entdecken" und bindet das erworbene Wissen in eine empirische Theorie ein, so ist das Thema „Anwenden" in das Konzept eingebunden und keine gesondert zu behandelnde Aufgabe.

„Man wendet Mathematik an, indem man sie jeweils von neuem erschafft. ... Das übt man nicht, indem man Mathematik als Fertigfabrikat lernt. ... Das Gegenteil von fertiger Mathematik ist Mathematik in statu nascendi." [Freudenthal, H. 1973, S. 113]

Es erübrigt sich damit eine Unterscheidung des mathematischen Wissens in „anwendbar" und „rein" (im Sinne von „nur von theoretischem Interesse"). Ohnehin ist sie für die Schule nicht angebracht. Diese Auffassung findet man auch bei den Methodikern der früheren Volksschule, die ihren Unterricht stark an empirisch realisierbaren Vorgaben orientierten. Wie Hans Schupp schreibt:

„Konnte Oehl noch meinen (in den 1960er Jahren; d. Verf.), „daß der

Schüler die in der Sachsituation verborgene mathematische Beziehung entdecken muß" und folgerichtig von einer „Ausprägung des Mathematischen aus der Sachsituation" sprechen, so stehen wir heute diesem *didaktischen Platonismus* äußerst *kritisch* gegenüber und würden eher zu dem von Oehl abgelehnten Begriff der „Aufprägung" greifen, ... "[1988, S. 10]

Schupp spricht zu Recht von einem *didaktischen Platonismus*, da Oehl kein begriffliches Konzept wie z. B. das der empirischen Theorie verfügbar war, auf das er sich beziehen konnte.

5 Das Problem der theoretischen Terme

Natürlich erfordert ein Unterricht, in dem Mathematik im Rahmen empirischer Theorien entwickelt wird, vom Lehrer ein deutliches Umdenken. Mancher Lehrer dürfte diese Form der Wissensvermittlung nicht akzeptieren, da er der Auffassung ist, daß Mathematik nur „von Empirie frei" wertvoll sei und als solche gelehrt werden müsse. Dies wäre allerdings ein betont ideologisch geprägter Standpunkt. In dem schon erwähnten Artikel von Kline belegt dieser mit überzeugenden Beispielen, daß viele entscheidende Fortschritte der Mathematik der Intuition derer, die sie erstmals formulierten, zu danken sind, und nicht ihrer Fähigkeit, logisch argumentieren zu können. Um es mit Kline zu sagen:

„Logic may be a standard and an obligation of mathematics but it is not the essence." [1970, S. 272]

Aber nicht nur Kline vertrat diesen Standpunkt:

„Mathematics in making, as Polya points out, is not a deductive science; it is an inductive, experimental science, and guessing is the experimental tool of mathematics. Mathematicians, like other scientists, formulate their theories from hunches, analogies, and simple examples. They work out their rigorous proofs only after they are pretty confident that what they are trying to prove is indeed correct." [Klamkin, M. S. 1968, S. 133]

Die stark inhaltliche Argumentation, die man wählt, wenn man Elementarmathematik im Rahmen empirischer Theorien vermittelt, und der damit einhergehende Einbezug nicht logisch begründeter Entscheidungen ist im Rahmen des Mathematikunterrichtes völlig ungewöhnlich und widerspricht dem gängigen Mathematikverständnis. Eine solche Arbeitsweise weicht von der formalen Arbeitsweise des Mathematikers, so wie diese gemeinhin verstanden wird, deutlich ab. Argumente wie „zweckmäßig" oder „plausibel", die Klein vorbringt, dürften manchem Lehrer suspekt sein. Interessant ist in diesem Zusammenhang die Argumentation in einer Denkschrift der Deutschen Mathematiker–Vereinigung „Zum Mathematikunterricht am Gymnasium":

„Plausibilitätsbetrachtungen sind ein legitimes Unterrichtsmittel, nicht nur wenn es um heuristische Betrachtungen geht ... , sondern auch dann, wenn in der exakten Begründung Lücken gelassen werden." [1976, S. 2]

Genau dieses macht Klein. Wo ein logisches Argument nicht vorliegt, fügt er ein plausibles ein.

Mit der gleichen Intention wie die Deutsche Mathematiker–Vereinigung argumentiert eine Gruppe amerikanischer Mathematiker in einem Memorandum zum mathematischen Unterricht der High School. Dort heißt es:

„Aus einer konkreten Situation den angemessenen Begriff herausschälen, auf der Grundlage beobachtbarer Fälle verallgemeinern, induktiv überlegen, analog überlegen, intuitive Gründe für eine allmählich Gestalt annehmende Vermutung finden, alles sind mathematische Denkweisen. Ja, ohne einige Erfahrung solcher ‚informeller' gedanklicher Prozesse kann der Schüler nicht die wahre Rolle formaler, strenger Beweise verstehen, ... " [Wittenberg, A. I. 1962/63, S. 225]

Die an dieser Auffassung festgemachte Kritik orientiert sich i. w. an mathematischen Lehrbüchern, weniger an den Möglichkeiten des Unterrichts. Dörfler formuliert im Eröffnungsvortrag des 3. Internationalen Symposiums „Didaktik der Mathematik" im Rahmen seiner Charakterisierung der „traditionellen Didaktik der Schulmathematik" wie folgt:

„Die Theoriebildung erfolgt bestenfalls bis zur Stufe inhaltlicher Theorien,, deren Transferierbarkeit gering eingeschätzt werden muß. Der Unterricht bleibt damit auf einer Stufe der historischen Entwicklung der Mathematik stehen, über die man seit gut hundert Jahren entschieden hinausgelangt ist." [1981, S. 9]

Es kann nicht bestritten werden, daß der Schüler sich, wenn er Mathematik im Rahmen einer empirische Theorie erwirbt, auf einer Stufe der Entwicklung der Mathematik befindet, die der Zeit vor Hilbert entspricht. Aber diese Sichtweise auf Mathematik entspricht seinem entwicklungspsychologischen Stand. Dies zu ignorieren ändert nicht den Entwicklungsstand des Schülers und damit seine Fähigkeit eines begrifflichen Verständnisses.

Auch wird übersehen, daß der Mathematiker seine Arbeitsweise seiner Aufgabe anpaßt. Es ist eines, ein Problem zu lösen, ein anderes, eine vorliegende Theorie in eine für ein Lehrbuch geeignete Form zu bringen. Hat er ein Problem zu lösen, wird er sich bemühen, es mit Hilfe von Beispielen, Zeichnungen, Bildern (realen oder vorgestellten) etc. so zu konkretisieren, daß er es betrachten kann, *als ob* es empirischen Charakter hätte. Dann ähnelt seine Arbeit wieder sehr der des Naturwissenschaftlers.

Die Bedeutung dieser beiden unterschiedlichen Arbeitsweisen für die Entwicklung der Mathematik beleuchtet Klein in einer *allgemeinen Bemerkung über den Umfang der Mathematik* wie folgt:

„Sie können von Nichtmathematikern, besonders auch von Philosophen, oft hören, *die Mathematik habe lediglich Folgerungen aus klar gegebenen Prämissen zu ziehen*; dabei sei es sogar ganz gleich, was diese Prämissen bedeuten, ob sie richtig oder falsch sind — wenn sie sich nur nicht widersprechen. Ganz anders aber wird jeder, der selbst produktiv mathematisch arbeitet, reden. In der Tat urteilen jene Leute nur nach der auskristallisierten Form, in der man fertige mathematische Theorien zur Darstellung bringt. Der *Forscher* selbst jedoch arbeitet in der Mathematik wie in jeder Wissenschaft durchaus nicht in dieser streng deduktiven Weise, sondern er *benutzt wesentlich seine Phantasie und geht induktiv, auf heuristische Hilfsmittel gestützt, vor.* Man kann äußerst zahlreiche Beispiele dafür anführen, daß große Mathematiker die wichtigsten Sätze gefunden haben, ohne sie exakt beweisen zu können.

Soll man die große Leistung, die hierin liegt, nicht in Anschlag bringen, soll man jener Definition zuliebe sagen, daß das keine Mathematik ist und daß nur die Nachfolger, die schließlich geglättete Beweise der Sätze finden, Mathematik treiben? Schließlich ist es ja willkürlich, wie man das Wort gebrauchen will, aber ein Werturteil kann nur dahin lauten, daß die *induktive Arbeit dessen, der den Satz zum ersten Male aufstellt, mindestens soviel wiegt, wie die deduktive dessen, der ihn zuerst beweist*; denn beides ist gleich notwendig, und die Entdeckung ist die Voraussetzung des späteren Abschlusses." [1933, S. 223/224]

Carl B. Allendoerfer geht auf die Arbeitsweise, die Klein als „die *induktive Arbeit dessen, der den Satz zum ersten Male aufstellt*" etwas ausführlicher ein:

„Let me describe briefly the process of mathematical discovery. Beginning with nature, as before, we seek to find as many relationships within it as we can. If we can systematize these we do so, but a lack of organization of our material does not keep us from pushing forward. On the basis of what we have observed, we guess theorems and use these to derive other theorems. Immediately we rush to apply these back again to nature and proceed headlong if our predictions are successful. Axioms, logic, and rigor are thrown to the winds, and we become intoxicated with our success and open to dreadful errors.

This process is called ‚intuition' and its nature is a matter of the greatest conjecture in spite of the writings of several of our most distinguished collleagues. The successful unrevaling of this process would be a major contribution to the understanding of the human mind. But, it is by this means, explained or not, that the great majority of mathematical theorems are first discovered. The products of this intuitive discovery are frequently wrong, usually unorganized, and always speculative. And so there follows the task of sorting them out, weaving them into a proper theory, and proving them on the basis of a set of axioms. ... The details of this process ... almost never appear in print. Hence the inner circle of creative mathematicians have the well–kept trade secret that in a great many cases theorems come first and axioms second. This process of justifying a belief by finding premises from which it can be deduced is shockingly similar to much reasoning in our daily lives, ...

As I turn now to the reform movement in the teaching of mathematics, let me first discuss intuition. It is here that the learning process must begin, for in some sense the student must follow the path by means of which mathematics was developed in the first place. ... " [1962, S. 464/465]

Mathematik im Rahmen empirischer Theorien zu vermitteln weist einen Weg, dem Schüler auf eine Weise an Mathematik heranzuführen, die intellektuell ehrlich ist — eine Forderung, die immer wieder erhoben wird — und ihn aktiv und seinen Fähigkeiten gemäß in ein wachsendes Verständnis einzubinden. Denn der Schüler würde sich „im Prinzip" verhalten wie der Wissenschaftler.

„It is my opinion that in teaching it is not only admissible, but absolutely necessary, to be less abstract at the start, to have constant regard for applications, and to refer to the refinements only gradually as the student becomes able to understand them. This is, of course, nothing but a universal pedagogical principle to be observed in all mathematical instruction." (Klein, F. 1922b, S. 231)

Abgesehen von einer möglicherweise zu ändernden Sichtweise auf des Erlernen von Mathematik wäre ein Hauptproblem des Lehrers, die in der von ihm vorgesehenen Konzeption der Stoffvermittlung auftretenden theoretischen Terme/Begriffe — die „Verständnishürden" des Lernprozesses — zu kennen. Diese zu identifizieren wäre eine Aufgabe, die sicher nicht jeder Lehrer selbstständig leisten will, was zu einer stärkeren Abhängigkeit des Unterrichtes vom Schulbuch führen könnte.

Nicht nur im Interesse des Anwendens wäre es wünschenswert, wenn möglichst umfangreiche Teile der Schulmathematik, die sich organisch in den Rahmen empirischer Theorien einbinden lassen, in dieser Form vom Schüler erworben würden. Denn von den Stoffen, deren theoretische Begriffe bei einer (heutigen) Rekonstruktion eine Bedeutung erhalten, die nicht mehr mit empirischen Vorstellungen in Einklang zu bringen ist, konnte sich keiner im Unterricht wirklich durchsetzen. Das gilt sowohl für die projektive (auch „neuere") Geometrie — mit den Begriffen „unendlich ferner Punkt", „unendlich ferne Gerade" — wie auch für die Analysis mit dem limes – Begriff.

Rudolf Böger schreibt 1914:

„E u k l i d hatte einst seinem König Ptolemäus, der das mühsame Studium der „Elemente" zu abschreckend fand, mit dem ganzen Stolze eines Gelehrten erwidert: „Es gibt keinen Königsweg zur Geometrie." Wir aber können hinzufügen: „Die neuere Geometrie ist dieser Königsweg ... "
Mit diesen einer Rede von H a n k e l entlehnten Worten hat R . S t u r m ... einen Artikel im ersten Band dieser Zeitschrift (ZMNU 1 (1870); d. Verf.) eingeleitet: Die neuere Geometrie auf der Schule.
Seitdem sind fast 45 Jahre ins Land gegangen. Die neuere Geometrie hat in dieser Zeit, weit entfernt, als selbstständiges und gleichwertiges Unterrichtsgebiet neben die euklidische Geometrie zu treten, nur geringe Fortschritte in der höheren Schule gemacht." [S. 19, Anm. 1]

Über eine Analysis, die mehr als einen handwerklichen Umgang mit den Grundbegriffen verlangt, urteilte Helge Lenné:

„In der Differentialrechnung bleibt es in bezug auf den entscheidenden Vorgang, die Limesbildung, bei rein anschaulichen Vorstellungen. Die Folge ist, daß der Schüler, soll er selbst den Differentialquotienten von neuen Funktionen bilden, vor der eigentlichen Limesbildung versagt." [1969, S. 37]

Zeitgleich heißt es bei Freudenthal:

„Inhaltlich wird die Schulmathematik auch in der nächsten Zukunft kaum die Schule des 19. Jahrhunderts überschreiten." [1973, S. 52]

Die Zitate zur Analysis legen die Vermutung nahe, daß auch Oberstufenschüler mathematische Begriffe als solche empirischer Theorien auffassen und daher auftretende theoretische Begriffe nicht einordnen können.

Im folgenden gehe ich auf Fragen ein, die mit dem Vorkommen theoretischer Begriffe im Unterricht verbunden sind. Ein wesentlicher Punkt ist, daß es kein allgemeines Verfahren gibt, das zeigt, welche Elemente/Begriffe eines zu behandelnden Teiles einer empirischen Theorie bzgl. dieser Theorie theoretisch sind. Sie zu ermitteln ist mit unterschiedlichen Schwierigkeiten verbunden, wie der Leser sich in [2009/2020a/b] überzeugen kann. An zwei Beispielen will ich zeigen, in welch unterschiedlicher Form theoretische Begriffe auftreten und damit die Unterrichtskonzeption beeinflussen.

1. Beispiel

Im Rahmen der Bemühungen um den Analysisunterricht in den 1960er Jahren wurde auch die Behandlung der reellen Zahlen diskutiert. Zu diesem Problemkreis legten Heinrich Bürger und Fritz Schweiger eine Einführung der reellen Zahlen vor, die auf Dedekinds Konstruktion zurückgreift und sich durch besondere Anschaulichkeit auszeichnet [1973].

In [2018, Abschn. 1.5] wurde dargelegt, daß sich dieses Konzept auch im Rahmen einer empirischen Theorie vermitteln läßt. Dabei konzentrierte sich die Überlegung auf den Begriff des Supremums. Auf diese Bearbeitung nehme ich Bezug, möchte aber den empirischen Charakter der Konstruktion deutlicher hervorheben.

Bürger und Schweiger machen zwei Annahmen:

Zum einen gehen sie davon aus, daß der in Frage kommende Schülerkreis damit vertraut ist, eine geometrische Strecke als Menge ihrer Punkte aufzufassen, und daß die Schüler wissen, wie sich ein Abschnitt natürlicher oder rationaler Zahlen ordnungsisomorph auf die Punkte einer Halbgeraden abbilden läßt.

Zum zweiten, daß die Schüler in der Regel nur π und $\sqrt{p}$ (p prim) — vielfach nur π und $\sqrt{2}$ — als nichtrationale Zahlen kennen.

Ist $q \in \mathbb{Q}^+$, also q rational und $q > 0$, so läßt sich — aus Sicht der Schüler — das Intervall [0, q] von $\mathbb{Q}^+ \cup \{0\}$ als eine *geometrische Strecke*, die Menge der Punkte mit Koordinaten aus [0, q], also als Strecke mit Anfangspunkt 0 und Endpunkt q auffassen. Die Intervalle [0, q] sind in dieser Interpretation *im Verständnis von Schülern* empirisch realisierbare Objekte. Wenn die Intervalle Realisanten haben, die empirisch verifizierbar sind, sind für Schüler diese Verifikationen nicht nur Veranschaulichungen, sondern ein auf diese sich stützender Konstruktionsprozeß hat für sie empirischen Charakter (vgl. [Struve,

H. 1990]), ist Teil einer *empirischen* Theorie und nicht einer mathematischen im heutigen Verständnis.

An diesen schulisch akzentuierten Hintergrund anschließend betrachte ich im folgenden geometrische Strecken, die am Anfangspunkt 0 einer Halbgeraden in positiver Richtung angetragen werden. Der Anfangspunkt 0 und der Endpunkt der jeweiligen Strecke werden nicht als ihr zugehörig betrachtet. Die Strecken bezeichne ich mit $\bar{S}, \bar{T}, \ldots$ Da die Schüler kaum Punkte mit nichtrationalen Koordinaten kennen, haben in ihren Augen die Punkte dieser Strecken sämtlich rationale Koordinaten. Damit setze ich wie Bürger und Schweiger voraus, daß die Menge $\mathbb{Q}^+$ und deren Eigenschaften den Schülern bekannt sind.

Die an die Strecken gestellte Bedingung, ihre Endpunkte nicht als ihnen zugehörig zu betrachten — was dem empirischen Charakter der Objekte zu widersprechen scheint — läßt sich am Messen einer Strecke erläutern. Betrachtet man eine feste geometrische Strecke, so erhält man beim Messen ihrer Länge das gleiche Ergebnis, ob man ihre Endpunkte als Elemente der Strecke betrachtet oder nicht, d. h. auf der empirischen Ebene läßt sich nicht unterscheiden, ob man die Endpunkte einer Strecke als ihr zugehörig betrachtet. Die Endpunkte der Strecken außer Betracht zu lassen, hat also keine *empirische* Relevanz und damit keinen Einfluß auf den Umgang mit geometrischen Strecken.

Um die empirische Theorie der Schüler formal zu fassen, wird ein Theorie–Element $T_{\mathbb{R}+}$ formuliert. $T_{\mathbb{R}+}$ rekonstruiert also den folgenden Konstruktionsprozeß *aus der Sicht des Schülers*.

Als erstes die *partiellen Modelle*:

$$M_{pp}(T_{\mathbb{R}+}) \;=\; \langle \bar{S}; \Sigma \rangle \text{ mit}$$

    (i) $\bar{S}$: eine Menge geometrischen Strecken $\bar{S}, \bar{T}, \ldots$, angetragen bei 0 in Richtung einer positiven Zahlengeraden.

Anfangspunkt 0 und Endpunkt der Strecken werden nicht als ihnen zugehörig betrachtet.

(ii) $\Sigma \subseteq (\mathbb{P}(\bar{S}) \setminus \emptyset) \times \mathbb{P}(\bar{S})$ ($\mathbb{P}(M)$ bezeichne die *Potenzmenge* der Menge M)

Interpretation: eine inhaltliche Kennzeichnung der Strecken(n) maximaler Länge — z. B. durch Messen — in jeder nichtleeren Teilmenge von $\bar{S}$.

($T_{\mathbb{R}+}$: 1)   Ist $\bar{S}'$ eine nichtleere endliche Teilmenge von $\bar{S}$, so gibt es $\bar{T} \in \bar{S}'$ mit $(\bar{S}', \{\bar{T}\}) \in \Sigma$,

Die *potentiellen Modelle*:

$$M_p(T_{\mathbb{R}+}) \;=\; \left\langle \left\langle \langle \bar{S}, \Sigma \rangle, S, \left(\bigcup_{S \in \bar{S}'} S; \leq \bigcup_{s \in \bar{S}'} s \right) \right\rangle \right\rangle \text{ mit}$$

(i) $\langle \bar{S}, \Sigma \rangle \in M_{pp}(T_{\mathbb{R}+})$

(ii) Sei k die Funktion, die jedem Punkt P einer geometrischen Strecke — vom Ursprung 0 in positiver Richtung einer Zahlengeraden abgetragen — in üblicher Weise seine Koordinate k(P) zuordnet. (Koordinatisierungsfunktion).

def.: $S = \{k(P) \mid P \in \bar{S} \wedge \bar{S} \in \bar{\mathbb{S}}\}$

$\mathbb{S} = \{S \mid \bar{S} \in \bar{\mathbb{S}}\}$

(iii) Jede Menge S ist durch die Ordnung $\leq$ von $\mathbb{Q}^+$ (reflexiv) linear geordnet. Die Einschränkung der Ordnung $\leq$ von $\mathbb{Q}^+$ auf S bezeichne ich mit $\leq_S$ und die auf diese Weise geordnete Menge mit $(S; \leq_S)$.

(iv) Gilt $S \subseteq T$, so ist $(S; \leq_S)$ ein Anfangsstück von $(T; \leq_T)$.

Damit bietet sich für die geordneten Strecken

$\{(S; \leq_S) \mid S \in \mathbb{S}\}$ folgende Ordnungsrelation an:

$$(S; \leq_S) \sqsubseteq (T; \leq_T) \Leftrightarrow S \subseteq T$$

(v) Um im vorstehenden Sinne geordnete Strecken zusammen-
zufassen, wird $\sqcup$ als neue Operation eingeführt.

$$\bar{S}, \bar{T} \in \bar{\mathbb{S}} \underset{(iv)}{\Rightarrow} ((S; \leq_S) \sqsubseteq (T; \leq_T) \vee (T; \leq_T) \sqsubseteq (S; \leq_S)$$

def.: $(S; \leq_S) \sqcup (T; \leq_T) = (S \cup T; \leq_{S \cup T})$

Überträgt man diese Definition auf $\mathbb{S}' \subseteq \mathbb{S}$, so erhält man:

$$\bigsqcup_{S \in \mathbb{S}'} (S; \leq_S) = (\bigcup_{S \in \mathbb{S}'} S; \leq_{\bigcup_{S \in \mathbb{S}'} S})$$

Aus (iv) folgt:

$(T_{\mathbb{R}^+} : 2)$ $\{(S; \leq_S) \mid S \in \mathbb{S}\}$ ist bzgl. $\sqsubseteq$ reflexiv linear geordnet.

Da sich unendlich viele Ausführungrn der Operation $\sqcup$ auf der empiri-
schen Ebene nicht realisieren lassen, ist es zweckmäßig, $(\bigcup_{S \in \mathbb{S}'} S; \leq_{\bigcup_{S \in \mathbb{S}'} S})$
als theoretischen Term in die Sprache von $T_{\mathbb{R}^+}$ aufzunehmen. So wird
die mengentheoretische Sprache des Schülers (auf unendliche Vereinigungen) erweitert. Die theoretischen Terme sind in den potentiellen
Modellen nur mathematische Zeichen, die keinen Objektcharakter
besitzen, d. h. sie lassen sich nicht wie die Begriffe einer Theorie
verstehen. Es sind Zeichen, die in den Modellen der Theorie $T_{\mathbb{R}^+}$
geeignet operationalisiert werden, in *geeigneter* Weise mit den $T_{\mathbb{R}^+}-$
vortheoretischen Begriffen verknüpft werden.

Bürger und Schweiger bezeichnen die Elemente $S \in \mathbb{S}$ als *rationale
Strecken* und zeigen u. a., wie man eine Addition und Multiplikation
für diese Strecken definieren kann. Dazu greifen sie auf die geometrische Darstellung dieser Strecken — die Strecken $\bar{S}$ — sowie die
geometrische Veranschaulichung der Operationen — Zahlengerade

und Rechteck — zurück und unterstreichen so den empirischen Charakter ihrer Ausführungen. Ich verzichte auf die Operationen und konzentriere mich auf die Behandlung der Ordnungsrelation für rationale Strecken, mit Hinblick auf ein Verständnis der reellen Zahlen das Hauptproblem der Schüler.

Die wesentlichen Eigenschaften der rationalen Strecken — der Elemente $S \in \mathbb{S}$ — fassen Bürger und Schweiger wie folgt zusammen:

$(T_{\mathbb{R}^+} : 3)$ Für $S \subseteq \mathbb{Q}^+$ gelten:

    (i) $S \neq \emptyset \wedge S \neq \mathbb{Q}^+$

    (ii) $x \in S \wedge y \in \mathbb{Q}^+ \wedge y < x \Rightarrow y \in S$

    (iii) $x \in S \Rightarrow \bigvee_{z \in S} (x < z)$

Da es für den Schüler ungewöhnlich sein dürfte, sich rationale Strecken ohne Endpunkte vorzustellen (s. o.), nenne man ihm folgendes Beispiel:

$$\{x \mid x \in \mathbb{Q}^+ \wedge x^2 < 2\}$$

Soll er den Nachweis selbst erbringen daß die Strecke keinen Endpunkt hat, empfiehlt es sich, das Intervall zu zerlegen in $\{x \mid x < 1\}$, $x = 1$ und $\{x \mid x > 1\}$. Der dritte Fall ist leicht lösbar, wenn man z. B. $\frac{2-x^2}{x}$ zu x hinzufügt und über die Kenntnis des indirekten Beweises verfügt.

In [2018] haben wir unter Bezug auf ein Konzept von Anna Sfard ausgeführt, wie der zunächst operational verstandene Term $\left(\bigcup_{S \in \mathbb{S}'} S; \leq \bigcup_{s \in \mathbb{S}'} s \right)$ in ein strukturelles Verständnis überführt wird. Diese Darstellung greife ich auf.

Ausgangspunkt der Überlegung sind die geometrischen Strecken $\bar{\bar{S}} \in \bar{\bar{\mathbb{S}}}$. Hat man unendlich viele verschiedene Strecken, so liefert der endliche Fall keine Anhaltspunkte, die Operation Σ auf den unendlichen zu übertragen. Um den unendlichen Fall zu erfassen werden in die potentiellen Modelle Zeichen/Terme aufgenommen, die in den Modellen der Theorie *geeignet* operationalisiert werden, in *geeigneter* Weise mit den $T_{\mathbb{R}+}$–vortheoretischen Begriffen verknüpft werden (s. o.).

Sfard betrachtet den Übergang eines zunächst operational verstandenen Begriffs oder eines operational interpretierbaren Terms — wie der des Zeichens $\left(\bigcup_{S\in\mathbb{S}'} S; \leq \bigcup_{s\in\mathbb{S}'} s \right)$ — zu einem strukturellen Verständnis als einen Wechsel seines „embodied schema". Sie gliedert diesen Wechsel in drei Stufen. Auf der ersten — der *interiorization* — wird der Lernende auf empirischer Ebene — also in den partiellen Modellen — mit dem Prozeß vertraut, der dem zu bildenden Begriff zugrundeliegt. Beim vorliegenden Beispiel bedeutet dies im endlichen Fall, durch Vergleichen eine jeweils längere Strecke zu bestimmen. So gewinnt der Lernende die Einsicht, daß jede Strecke „nach oben" fortgesetzt werden kann. Dieses sukzessive Vergleichen und Auswählen der längeren Strecke ist der Prozeß, den der Schüler als mentales Konstrukt, als „operational schema", ausbildet: Er erhält ein operationales Verständnis des Verlängerns.

Die zweite Stufe — *condensation* genannt — betrachtet den Prozeß des fortwährenden Verlängerns als ganzes, zerlegt ihn nicht mehr in einzelne Bestandteile. Während auf der ersten Stufe Prozesse dynamisch aufgefaßt werden, werden sie auf der zweiten Stufe statisch verstanden.

Die dritte Stufe — *reification* — charakterisiert Sfard als den Übergang von einem „operational" zu einem „structural embodied schema". Dazu führt sie aus:

„ ... An *operational schema* (kursiv d. d. Verf.) brings into the domain of abstraction a metaphor of doing, of operating on certain objects to obtain certain other objects. As such, it is a schema of action.

... The *structural embodied schema* (kursiv d. d. Verf.), on the other hand, conveys a completely different ontological message — a message about a permanent, object – like construct which may be acted to produce other constructs. The advantage of the latter type of schema over the former is that it is more integrative, more economical, and manipulable, more amenable to holistic treatment ... " [1994, p. 53]

Zieht man das strukturalistische Begriffssystem zur Darstellung empirischer Theorien heran, so kann man die erste Stufe (interiorization) auffassen als eine Kennzeichnung der Ebene des Wissens, die die partiellen Modelle einer empirischen Theorie repräsentieren. Auf dieser Ebene sind die vollzogenen Operationen betont handlungsorientiert zu betrachten („operating on certain objects to obtain other objects"), während dieses Operieren auf der Ebene der potentiellen Modelle als eigenständiger Prozeß (condensation) durch Symbole dargestellt wird, ergänzt um undefinierte Terme. In den Modellen erhalten diese durch eine „geeignete" Operationalisierung — „geeignete" Verknüpfung mit den vortheoretischen Begriffen — ihre Bedeutung in der Theorie — im Sinne von Wittgensteins „Bedeutung $\hat{=}$ Gebrauch". Wissen über Prozesse und Handlungen bekommt die Form von Aussagen über Zustände und Objekte.

Im hier behandelten Beispiel bedeutet reification — der Wechsel des embodied schema — , daß die Terme ($\bigcup_{s \in S'} S; \leq \bigcup_{s \in S'} s$) Objektcharakter erhalten.

Die *informelle Semantik*, die sich u. a. in der Stufung der Modellformen ausdrückt, läßt den Aufbau und in einem systematischen Sinne die Entwicklung der Theorie erkennen. Natürlich wird nicht unterstellt, daß der Schüler eine empirische Theorie gemäß dieser Systematik erwirbt, aber sie legt alle Schritte offen, die zum Erwerb der Theorie erforderlich sind. Defizite des Schülers können vor dem Hintergrund der Systematik leichter identifiziert werden. Auch die Unterscheidung der Begriffe spielt hier hinein. Vortheoretische Begriffe —— sofern sie nicht schon mit einer anderen Theorie erworben wurden —— lassen sich operational oder ostensiv erwerben. Diejenigen Begriffe einer empirischen Theorie, die in der Theorie eine empirische Referenz haben, sind Bestandteil der partiellen Modelle. Noch offen ist, wie die theoretischen Terme in die informelle Semantik der Theorie einbezogen werden. In der Formulierung der potentiellen Modelle sind sie nur mathematische Zeichen.

Gemäß der Absicht, den Umgang mit der WELT möglichst durch empirische Theorien zu beschreiben, ist die oben zitierte Aussage des amerikanischen Philosophen Johnson von besonderem Interesse. Denn da wir nur die natürliche Sprache und formale Sprachen verfügbar haben, müssen wir uns mit deren Möglichkeiten begnügen, auch wenn wir damit nicht alle Aspekte unserer Erfahrung zum Ausdruck bringen können. In der Darstellung empirischer Theorien präzisieren die theoretischen Terme „preconceptual and nonpropositional aspects of experience and understanding". Damit ändert sich nicht der Charakter dieser Aspekte, aber im Rahmen der Theorie werden sie kommunizierbar. Diese Vorgehensweise widerspricht auch keineswegs der Auffassung Johnsons, wie folgendes Zitat belegt:

„ ... Although we can more or less successfully abstract from particular empirical contents in framing a formal system (and in mathematics do it quite thoroughly), ... " [1987, p. 38]

In der heutigen mathematischen Theorie werden Fragen nach der Bedeutung eines Begriffes nicht gestellt — Begriffe sind Variable. Fragen nach Referenz oder Existenz werden in der mathematischen Theorie erst gestellt, wenn man ein Modell der Theorie sucht.

Nun die *Modelle*:

$$M(T_{\mathbb{R}+}) = \left\langle \left\langle \langle \bar{\mathbb{S}}, \Sigma \rangle, \mathbb{S}, (\bigcup_{S \in \mathbb{S}'} S; \leq \bigcup_{s \in \mathbb{S}'} s) \right\rangle \right\rangle \text{ mit}$$

(i) $\left\langle \langle \bar{\mathbb{S}}, \Sigma \rangle, \mathbb{S}, (\bigcup_{S \in \mathbb{S}'} S; \leq \bigcup_{s \in \mathbb{S}'} s) \right\rangle \in M_p(T_{\mathbb{R}+})$

(ii) $\bigwedge_{\substack{\mathbb{S}' \subseteq \mathbb{S} \\ \mathbb{S}' \neq \emptyset}} \left((\bigcup_{S \in \mathbb{S}'} S; \leq \bigcup_{s \in \mathbb{S}'} s) \subseteq (\mathbb{Q}^+; \leq) \right)$

Bedingung (ii) verknüpft die theoretischen Elemente der Sprache mit einem nichttheoretischen Anteil. Durch (ii) erhalten die theoretischen

Terme ihre Bedeutung in der Theorie. Es ist sinnvoll/zweckmäßig, sie in die Theorie aufzunehmen, logisch zwingend ist es nicht.

Damit sind alle Terme $\left(\left(\bigcup_{S \in \mathbb{S}'} S; \leq \bigcup_{s \in \mathbb{S}'} s\right) \mid \mathbb{S}' \subseteq \mathbb{S}\right)$ *geeignet* operationalisiert. Entweder bezeichnen sie Objekte der partiellen Elemente $\left(\text{vgl. } (T_{\mathbb{R}+}: 1)\right)$ oder sie erhalten ihre Bedeutung durch die Axiome. Diese stellen sicher, daß die Theorie die intendierten Anwendungen zutreffend beschreibt. Durch sie werden die Terme in die informelle Semantik der Theorie eingebunden. Man versteht ihre Bedeutung „auf einen Schlag", durch ein „Aha!" – Erlebnis, eine gelungene Anwendung. Die Modelle gewährleisten durch die Axiome, daß die Theorie erfolgreich angewendet werden kann.

Ich beschränke mich weiterhin auf die Behandlung der Ordnungsrelation für geordnete rationale Strecken.

Aus $M_p(T_{\mathbb{R}+})(iv)$ folgt:

$(T_{\mathbb{R}+} : 4)$ Ist $\mathbb{S}'$ eine nichtleere Teilmenge von $\mathbb{S}$, und ist $(S^*; \leq_{S^*})$ ein maximales Element von $\{(S; \leq_S) \mid S \in \mathbb{S}'\}$, so ist $(S^*; \leq_{S^*})$ eine geordnete rationale Strecke oder $(\mathbb{Q}^+; \leq)$.

$$S^* \neq \mathbb{Q}^+ \Rightarrow \bigvee_{T \in \mathbb{Q}^+} (T \notin S^*)$$

$$\Rightarrow S^* \subseteq T$$

Nach (iv) ist $(S^*; \leq_{S^*})$ ein Anfangsstück von $(T; \leq_T)$. Mit $(T_{\mathbb{R}+} : 3)$ folgt die Behauptung.

Ich gehe davon aus, daß die Schüler $\mathbb{Q}^+$ schon (aus früheren Theorien) kennen (s.o.), $\mathbb{Q}^+$ somit ein $T_{\mathbb{R}+}$–nichttheoretischer Begriff für sie ist. Dies gilt aber nicht a fortiori für alle Teilmengen von $\mathbb{Q}^+$. Ob ein Term/Begriff für jemanden, der über die Theorie zu verfügen erlernt, als $T_{\mathbb{R}+}$–theoretisch oder $T_{\mathbb{R}+}$–nichttheoretisch erscheint, hängt nicht zuletzt davon ab, welche Darstellung der Term/Begriff hat.

$(T_{\mathbb{R}+}: 5) \quad \mathbb{Q}^+ = \bigcup_{S \in \mathbb{S}} S$

Da der Nachweis von $(T_{\mathbb{R}+}\colon 5)$ keine Vereinigung von Strecken benötigt, wird das Problem, das Ergebnis von unendlich vielen Vereinigungen $S \in \mathbb{S}$ zu bestimmen, auf elegante Weise umgangen.

Wegen $M(T_{\mathbb{R}+})$(ii) lassen sich in den Modellen die Aussagen $(T_{\mathbb{R}+}\colon 1)$ und $(T_{\mathbb{R}+}\colon 4)$ zusammenfassen, wenn man in $(T_{\mathbb{R}+}\colon 1)$ die Strecken in Koordinatendarstellung auffaßt.

$(T_{\mathbb{R}+}\colon 6)$ Ist $\mathbb{S}'$ eine nichtleere Teilmenge von $\mathbb{S}$, so ist $\bigsqcup\limits_{S \in \mathbb{S}'} (S; \leq_S)$ eine geordnete rationale Strecke oder $(\mathbb{Q}^+; \leq)$.

Def.: $\emptyset \neq \mathbb{S}' \subseteq \mathbb{S}$

Gilt $\bigsqcup\limits_{S \in \mathbb{S}'} (S; \leq_S) \neq (\mathbb{Q}^+; \leq)$, so heißt $\mathbb{S}'$ *nach oben beschränkt* und jedes $T \in \mathbb{S}$ mit $\bigwedge\limits_{S \in \mathbb{S}'} ((S; \leq_S) \sqsubseteq (T; \leq_T))$ heißt eine *obere Schranke* zu $\mathbb{S}'$. Existiert eine kleinste obere Schranke T^* zu $\mathbb{S}'$, so heißt sie das *Supremum* von $\mathbb{S}'$.

bez.: sup $\mathbb{S}'$.

Bemerkung: Es wäre sachgerecht, $(T; \leq_T)$ als obere Schranke zu bezeichnen. Allerdings ist es üblicher Sprachgebrauch, die gegebene Ordnung zu unterdrücken und die Menge — in diesem Falle T — als obere Schranke zu benennen.

$(T_{\mathbb{R}+}\colon 7)$ $\emptyset \neq \mathbb{S}' \subseteq \mathbb{S}$

Beh.: Ist $\mathbb{S}'$ nach oben beschränkt, so gilt
$$\sup \mathbb{S}' = \bigcup\limits_{S \in \mathbb{S}'} S$$

def. $\sqsubseteq \Rightarrow \bigcup\limits_{S \in \mathbb{S}'} S$ ist eine obere Schranke zu $\mathbb{S}'$

$T \subseteq \mathbb{Q}^+ \wedge T$ obere Schranke von $\mathbb{S}' \Rightarrow \bigwedge\limits_{S \in \mathbb{S}'} ((S; \leq_S) \sqsubseteq (T; \leq_T))$

$\underset{\text{def.}}{\Longrightarrow} \bigcup\limits_{S \in \mathbb{S}'} S \subseteq T$

$$\underset{\text{def.}}{\Longrightarrow} \left(\bigcup_{S \in \mathbb{S}'} S; \leq \bigcup_{s \in \mathbb{S}'} s \right) \sqsubseteq (T; \leq_T)$$

$$\underset{\text{def.} \sqsubseteq}{\Longrightarrow} \bigcup_{S \in \mathbb{S}'} S = \sup \mathbb{S}'$$

Bemerkung:

1. Da der Begriff des Supremums zu seiner Definition den $T_{\mathbb{R}+}$-theoretischen Begriff $\left(\bigcup_{S \in \mathbb{S}'} S \mid \emptyset \neq \mathbb{S}' \subseteq \mathbb{S} \right)$ verwendet, ist er ebenfalls $T_{\mathbb{R}+}$-theoretisch.

2. Die Formulierung

$$\sup \mathbb{S}' = \bigcup_{S \in \mathbb{S}'} S, \text{ besser } \sup \mathbb{S}' = \left(\bigcup_{S \in \mathbb{S}'} ; \leq \bigcup_{s \in \mathbb{S}'} s \right),$$

hat den Vorzug, daß die emprische Vorstellung des „immer näher", die unterrichtsmethodisch häufig mit dem Begriff des Supremums verbunden ist, vermieden wird. Die Erweiterung der mengentheoretischen Sprache des Schülers auf unendliche Vereinigungen unterscheidet sich definitorisch nicht vom endlichen Fall und bedarf keiner empirischer Hilfsvorstellungen.

Faßt man die rationalen Strecken als rationale Zahlen auf, so zeigt die vorstehende Überlegung, daß die Behandlung der beschränkten monoton steigenden Folgen der Strecken zu unterschiedlichen Ergebnissen führen kann. Zum einen kann die kleinste obere Schranke einer solchen Folge eine rationale Zahl sein; zum anderen muß — wie das Beispiel $\sqrt{2}$ zeigt — diese Schranke nicht rational sein. Da die Existenz des Supremums jeder derartigen Folge rationaler Zahlen gesichert ist, betrachtet man es als Koordinate eines Punktes der Zahlengeraden, damit ebenfalls als eine Zahl und nennt diese *irrational*.

Unter Bezug auf die geometrischen Repräsentanten der rationalen Zahlen läßt sich auf diese Weise zeigen, daß die rationalen Zahlen nicht ausreichen, alle Punkte der Zahlengeraden mit einer Koordinate zu versehen, sondern daß es zwischen ihnen noch Lücken und damit weitere Zahlen gibt.

Ohne das Verständnis des Supremums ist in der vorgelegten Konstruktion der reellen Zahlen kein Verständnis der irrationalen Zahlen und damit auch kein Verständnis einer Vielzahl zentraler Begriffe der Analysis möglich. Das Scheitern vieler Studienanfänger an tragenden Begriffen der Analysis belegt, daß die Annahme berechtigt ist, daß diese angehenden Studenten in der Schule ein empirisch begründetes Zahlverständnis erworben haben, aber nicht befähigt wurden, Einsichten in dieses Verständnis zu integrieren, die für sie nur über den Einbezug theoretischer Begriffe zu erwerben waren.

2. Beispiel

Im Lehrplan für Geometrie der Polytechnischen Oberschule der Deutschen Demokratischen Republik (DDR), der ab 1968/69 gültig war, wurde die Geometrie entsprechend der Euklid – Hilbertschen Axiomatik entwickelt, der Kongruenzbegriff allerdings über den Begriff der Bewegung eingeführt. Walter Börner führte dieses Konzept näher aus [1971].

Gibt man den Begriffen der Hilbertschen Theorie eine spezielle Interpretation, so erhält man eine empirische Theorie, für die einige der Hilbertschen Axiome gelten und an der sich — auch für den Schüler — überzeugend zeigen läßt, welchen Einfluß ein theoretischer Begriff auf eine solche Theorie haben kann.

Die Euklid – Hilbertsche Theorie genügt folgenden Bedingungen:

Es bezeichnen $\mathfrak{E}$ eine Menge von *Punkten* A, B, C, ..., $\mathfrak{G} \subseteq \mathbb{P}(\mathfrak{E})$ eine Menge von *Geraden* g, h, k, ... und I eine *Inzidenzrelation* zwischen Punkten und Geraden. Gilt A I g, so sagen wir — wie allgemein üblich — „der Punkt A *gehört zu* der Geraden g", auch „die Gerade g *enthält* den Punkt A".

Für Punkte und Geraden sollen gelten:

I. A x i o m e   d e r   I n z i d e n z

1. Zu zwei verschiedenen Punkten A und B gibt es genau eine Gerade, die A und B enthält.

Bemerkung: Ist g eine Gerade, so bezeichnen wir mit $\{g\}$ die Menge der Punkte, die die Gerade g enthält. Statt A I g schreiben wir auch A $\in \{g\}$.

2. Jede Gerade enthält mindestens zwei verschiedene Punkte.

3. Es gibt mindestens drei Punkte, die nicht zu ein und derselben Geraden gehören.

Für Geraden g und h läßt sich die *Parallelität* (bez.: $\|$) definieren:

$$g \parallel h \underset{\text{def.}}{\longleftrightarrow} g \text{ und } h \text{ haben keinen gemeinsamen Punkt oder es}$$
gilt g = h

II. A x i o m e d e r A n o r d n u n g

In der Menge $\mathfrak{P}$ sei eine dreistellige Relation, die *Zwischenrelation*, erklärt. Sie werde für je drei Punkte X, Y, Z mit [XYZ] bezeichnet („Y liegt *zwischen* X und Z") und habe folgende Eigenschaften:

5. Gilt [ABC], so sind A, B, C drei zu je zweien verschiedene, zu einer Geraden gehörende („kollineare") Punkte, und es gilt auch [CBA].

6. Sind A und B zwei verschiedene Punkte, so gibt es mindestens einen Punkt C mit [ABC] und mindestens einen Punkt D mit [ADB].

Def.: Sind A und B verschiedene Punkte, so heißt die Menge der Punkte, die A und B sowie alle zwischen A und B liegenden Punkte enthält, die *Strecke* mit den *Endpunkten* A und B.

bez.: $\overline{AB}$

7. Sind A, B, C zu je zweien verschiedene Punkte einer Geraden, so liegt genau einer zwischen den beiden anderen. Gilt [ABC], so ist $\overline{AB} \cup \overline{BC} = \overline{AC}$ und $\overline{AB} \cap \overline{BC} = \{B\}$.

Def.: Drei nicht kollineare Punkte A, B, C heißen ein *Dreieck*.

8. Ist g eine Gerade, die die keinen der drei Punkte eines Dreiecks enthält, die aber mit $\overline{AB}$ einen gemeinsamen Punkt hat, so hat g entweder mit $\overline{AC}$ oder mit $\overline{BC}$ einen gemeinsamen Punkt (Axiom von PASCH).

Seien A ein Punkt und g eine Gerade mit $A \in \{g\}$.

def.: $\bigwedge\limits_{X \in \{g\},\, X \neq A} (X \underset{g_A}{\sim} X)$

Seien weiterhin P, Q $\in \{g\}$ und A, P, Q zu je zweien verschieden.

def.: $P \underset{g_A}{\sim} Q \leftrightarrow [APQ] \,\dot\vee\, [AQP]$

Beh.: $\underset{g_A}{\sim}$ ist eine Äquivalenzrelation, und $\{g\} \backslash \{A\}$ zerfällt in genau zwei Äquivalenzklassen (bez.: *Strahlen* auf g). Man fügt A zu jeder der beiden Äquivalenzklassen hinzu und nennt A den *Anfangspunkt* der beiden Strahlen.

Folg.: Jeder Strahl ist durch Angabe seines Anfangspunktes und eines weiteren seiner Punkte eindeutig bestimmt.

Sei $g \in \mathfrak{G}$

def.: $\bigwedge\limits_{P \in \mathfrak{P} \backslash \{g\}} (P \underset{g}{\approx} P)$

Seien $P, Q \in \mathfrak{P}$; $P, Q \notin \{g\}$

def.: $P \underset{g}{\approx} Q \leftrightarrow \neg \bigvee\limits_{X \in \{g\}} [PXQ]$

Beh.: $\underset{g}{\approx}$ ist eine Äquivalenzrelation auf $\mathfrak{P} \backslash \{g\}$ und es existieren genau zwei Äquivalenzklassen bzgl. $\underset{g}{\approx}$, die beiden *Seiten* von g.

Im Unterricht wird natürlicherweise zur Verdeutlichung der von Lehrer oder Schülern formulierten Aussagen in starkem Maße auf Zeichnungen zurückgegriffen so daß sich beim Schüler die Vorstellung entwickeln kann, der Gegenstand der behandelten geometrischen Theorie seien genau diese gezeichneten Figuren, empirisch verifizierbare Objekte. Die Konsequenz ist, daß der Schüler nicht eine mathematische Theorie erlernt sondern eine empirische über geometrische Figuren auf dem Zeichenblatt, eine „Zeichenblattgeometrie" T_{ZB} (ZB für „Zeichenblatt") (vgl. [Struve, Horst 1990]).

Ich will diesen Gedanken etwas weiter ausführen.

Man denke sich ein (großes) Zeichenblatt gegeben, auf der man eine Menge von *Punkten* A, B, C, ..., gekennzeichnet als die Schnittpunkte kleiner Kreuze, eintragen kann, und eine Menge von *Geraden* g, h, k, ..., gezeichnet als gerade Linien.

Punkte und Geraden haben jetzt empirische Referenzen. Interpretiert man „Es existiert ein Punkt P/eine Gerade g ..." als „Es läßt sich ein Punkt P/eine Gerade g zeichnen mit ... ", so glaubt man auf den ersten Blick, daß alle vorstehend formulierten Axiome für die so definierten Punkte und Geraden erfüllt sind und die formulierten Folgerungen könnten als Aussagen einer *empirischen* Geometrie der Zeichenblattobjekte verstanden werden. Das Problem liegt aber schon in der im 1. Axiom geforderten Eindeutigkeit der Verbindungsgeraden von A und B. Denn sind die Geraden von endlicher Länge, so gibt es auf dem Zeichenblatt unendlich viele, die A und B verbinden. Die Eindeutigkeit ist nur gegeben, wenn die Geraden von unendlicher Länge sind. Dann hat die Gerade aber keine empirische Referenz mehr, d. h. der Begriff der Geraden muß als theoretischer Begriff in die Theorie aufgenommen werden.

Bemerkung: Mit dem Begriff der Geraden ist auch der Begriff der Parallelität, zu dessen Definition der Geradenbegriff benötigt wird, theoretisch bzgl. der Theorie.

Was vom Euklid–Hilbertschen–Standpunkt der Theorie fehlt, ist das in der Euklidischen Theorie meist diskutierte Axiom, das Parallelenaxiom. In der heute üblichen Form lautet es:

4. Das EUKLIDISCHE Parallelenaxiom

Zu jeder Geraden g und zu jedem Punkt P gibt es genau eine Gerade h, die P enthält und für die g ∥ h gilt.

Denkt man sich die empirische Theorie formalisiert, so würde man das Parallelenaxiom, sofern es in der Theorie gelten soll, unter die Modellaxiome aufnehmen. Wie schon im 1. Axiom muß aber auch hier die Gerade eine unendliche Länge haben, soll das Axiom gelten.

Der theoretische Begriff entscheidet in diesem Falle, wie die Theorie zu sehen ist, welche Reichweite sie hat. Eine empirische Theorie des Zeichenblattes ist sie offenbar nicht. Der Begriff der Geraden, einer ihrer tragenden Begriffe, verbietet dies.

Der Vergleich der beiden Beispiele zeigt, daß der Grad der Komplexität der Begriffsbildung nicht entscheidend dafür ist, ob ein Begriff theoretisch ist.

Ich breche die Behandlung der Börnerschen Darstellung hier ab, da der Leser sieht, daß den theoretischen Begriffen in der Rekonstruktion einer empirischen Theorie eine entscheidende Rolle zukommt — damit auch in der Konzeption eines jeden Unterrichtsentwurfs, der eine solche Theorie zum Gegenstand hat.

6 Anwenden unter Verwendung mathematischer Modelle

Da Anwendungen im Kontext des Erwerbs mathematischer Kenntnisse im Rahmen empirischer Theorien eine wesentliche Rolle spielen, bietet es sich an, auch auf die heute vorherrschende Behandlung der Anwendungen im Unterricht näher einzugehen.

Die einleitend angesprochene Diskussion über eine Neugestaltung des anwendungsorientierten Unterrichts erfuhr im deutschen Sprachraum eine entscheidende Wende, als das Problem aus einer beruflichen Sichtweise dargestellt wurde: Ersetzen des realen Kontextes durch ein mathematisches Konstrukt. Henry O. Pollak, ein an didaktischen Fragen sehr interessierten Vertreter der Angewandten Mathematik, formulierte in einem Vortrag auf dem „International Congress on Mathematical Education" 1976 in Karlsruhe:

„Applied mathematics means beginning with a situation in some other field or in real life, making a mathematical interpretation or model, doing mathematical work within that model, and applying the results to the original situation." (nach [Burscheid, H. J. 1980, S. 63])

Diese gegenüber der eher subtilen Diskussion des mathematisierenden Unterrichts zweifellos wesentlich pragmatischer erscheinende Auffassung setzte sich in Deutschland durch. Mit hoher Intensität wurde der Begriff „Modell" diskutiert während die von Smolec formulierte Intention (s. o.) nicht aufgegriffen wurde — vielleicht nicht zuletzt deshalb, weil die Sprachbarriere einer genaueren Auseinandersetzung mit den Gedanken des französischen Sprachraumes im Wege stand.

Was allerdings manchem Hörer des Vortrags von Pollak nicht bewußt geworden sein mag, ist, daß er ganz selbstverständlich aus seiner beruflichen Sicht argumentierte, die nicht notwendig die geeignete Sichtweise für einen anwendungsorientierten Unterricht sein mußte. Schon Jahre zuvor hatte Freudenthal Bedenken geäußert, mit Bezug zur Schule von „angewandter Mathematik" zu sprechen:

„Ich möchte, daß der Schüler nicht angewandte Mathematik lernt, sondern lernt, wie man Mathematik anwendet. ... Ich möchte ... , statt von angewandter, anwendender oder anwendbarer Mathematik lieber von beziehungsvoller Mathematik sprechen." [1973, S. 76]

Um den Unterschied der Auffassungen von Freudenthal und Pollak zu verdeutlichen, will ich die beiden Prozesse — den des Entwurfs einer empirischen Theorie und den der Modellbildung — nebeneinander stellen.

Der Prozeß des Entwurfs einer empirischen Theorie beginnt bei den intendierten Anwendungen und nimmt sie nur unter Berücksichtigung der als relevant angesehenen Elemente in einer teilweise formalisierten Beschreibung in die partiellen Modelle auf. Die Beschreibung wird in mathematische Sprache überführt und in dieser Form in die potentiellen Modelle übernommen, wobei die Sprache ergänzt wird um Variable, die mit pragmatischen Begründungen (Zweckmäßigkeit, Plausibilität) in den Axiomen der Modelle mit den vortheoretischen Begriffen verknüpft, als theoretische Terme/Begriffe in die Theorie eingehen. So erhalten sie im Rahmen der Theorie ihre Bedeutung. Betrachtet man es als ein Thema des Unterrichts, den geschilderten Prozeß umzusetzen, so ist es „Wissenschaft als Tätigkeit" (Freudenthal), die der Schüler betreiben muß, um ihn zu realisieren.

Der Prozeß der Modellbildung läßt sich demgegenüber nicht durch den Erwerb einer Theorie beschreiben. Für die Modellbildung liegen bislang nur „Arbeitsdefinitionen" vor, die zuwenig präzise sind, in einer Theorie der Modellbildung zu erfassen.

„... there exists no general theory (model) for the modeling process. The process ist so ubiquitous and so creative in nature that any efforts to construct a general rigid and formal prescriptive model of the modeling process may prove counterproductive and stifling to the ingenuity of man as a model builder in dealing with his inner and outer environment." [Rubinstein, M. S. 1975, S. 210],

Es hat sich durchgesetzt, den Prozeß der Modellbildung durch einen Kreislauf zu illustrieren — den ich als bekannt voraussetzen darf — , der bei einer sog. „Ausgangssituation" beginnt — in der englischsprachigen Literatur häufig als „real–world–problem" bezeichnet — und von dort zum mathematischen Modell fortschreitet. Mary L. Cartwright beschreibt letzteres wie folgt:

„... an appropriate mathematical model. That is a mathematical system whose concepts and relationships correspond to the appropriate concepts and relationships of the real world." [1977, S. 25]

Das Kreislaufmodell wurde in der mathematikdidaktischen Diskussion im Lauf der Jahre vielfach verfeinert (vgl. z. B. [Bruder, R. u. a. 2015, S. 365]), ist im Kern aber unverändert geblieben. Die Verfeinerungen ergaben sich zwangsläufig, da der Begriff des Modellierens so stark zergliedert wurde, daß er heute nahezu jede Form von Anwenden umfaßt, die unterrichtlich thematisiert wird.

Ich halte diese Ausweitung des Begriffs nicht für zweckmäßig und werde ihn weiterhin nur in dem spezifischen Sinne verwenden wie ihn Pollak benutzte.

Der Übergang zum mathematischen Modell, in den die komplexe Phase der Modell*bildung* fällt, beginnt mit einer umgangssprachlichen Beschreibung der Ausgangssituation, der sie ihre Begriffe entnimmt. Diese Beschreibung ist damit (noch) der Realität verhaftet, hat aber (schon) Modellcharakter, da nur solche Aspekte berücksichtigt werden, die dem Betrachter an der Ausgangssituation wesentlich erscheinen. Donald R. Kerr, jun. und Daniel P. Maki sprechen von einem *real model* der Ausgangssituation [1979, S. 1]. Dieses *Realmodell* kann man cum grano salis auffassen wie die Beschreibung der intendierten Anwendungen, die in die partiellen Modelle einer empirischen Theorie aufgenommen werden.

Ein mathematische Modell für das Realmodell zu finden verlangt, ein mathematisches Konstrukt zu finden, das zu dem Realmodell „paßt", d. h. auf welches das Realmodell nach Möglichkeit isomorph aber zumindest homomorph in dem Sinne abgebildet werden kann, daß das Konstrukt die Struktur des Realmodells besitzt, die Struktur seines logischen Gefüges — des *Fachwerks der Begriffe*, wie Hilbert es formulierte [1966, S. 5]. Bei dieser Abbildung behalten die Begriffe des Realmodells ihre Bedeutung. Die Begriffe des Konstruktes dürfen daher keine eigene Bedeutung haben. Sie haben sämtlich den Charakter von Variablen, die erst durch diese Abbildung eine Bedeutung erhalten. Ausgangssituation und mathematisches Konstrukt sind unabhängig voneinander gegeben. Das der Ausgangssituation immanente Problem mit Hilfe der Mathematik zu lösen verlangt eine „Passung" zwischen Realmodell und Konstrukt. Erlauben Realmodell und Konstrukt eine solche Passung, so können im Modell möglicherweise Konsequenzen abgeleitet werden, die unter Verwendung der als „Passung" bezeichneten Abbildung Problemlösungen ergeben.

Bezeichnen wir das mathematische Konstrukt, das im Rahmen des Modellierens erforderlich ist, als mathematische Theorie, so ist die Form dieser Theorie offenbar wesentlich verschieden von jener Theorieform, die man als empirische Theorie bezeichnet. Ein entscheidender Unterschied ist, daß — wie gerade gesagt — sämtliche Begriffe dieser Theorie den Charakter von Variablen haben, somit keinerlei empirische oder sonstige Referenz besitzen. Sie können ganz unterschiedliche Bedeutungen erhalten, abhängig von den Begriffen der Realmodelle, die auf sie abgebildet werden. Theorien dieser Form, in der die Begriffe keine eigene Bedeutung sondern den Charakter von Variablen haben, werden nach David Hilbert (1862 – 1943) als *Hilbertsche Theorien* bezeichnet. Heute ist es üblich, mathematische Theorien in dieser Form darzustellen.

Bemerkung: Ich nehme nur auf den Hilbertschen Theoriebegriff Bezug, da der konstruktive Standpunkt (vgl. [Laugwitz, D. 1966]) für den Unterricht meines Wissens in Deutschland bislang nicht nachhaltig diskutiert wurde.

Die Entwicklung nichteuklidischer Geometrien im 19. Jh. machte in Konsequenz deutlich, daß die Begriffe „mathematischer Raum" und „physikalischer Raum" nicht notwendig dasselbe bezeichnen. Es war dies vielleicht das erste auch Laien verständliche Beispiel dafür, daß eine mathematische Theorie nicht einer physikalischen — damit empirischen — Vorgabe bedarf. Diese Entwicklungen zur Unabhängigkeit mathematischer Begriffe von empirischen Gegebenheiten gipfelte in der Fassung eines Theoriebegriffs, den David Hilbert entscheidend ausarbeitete. Hilberts „Grundlagen der Geometrie" erschienen 1899 — an ihrem Erscheinen wird häufig die Geburtsstunde dieses Theoriebegriffs festgemacht[11]. Er dokumentiert allerdings ein wesentlich anderes Theorieverständnis als ihn der Begriff der empirischen Theorie beinhaltet. Beschreibt dieser die Theorie eines *Bereiches*, der sich in seinen Begriffen ausdrückt, ihnen eine „ontologische Bindung" vermittelt, so beschreibt jener nach Hilberts Auffassung eine *Struktur* — Mathematik als Erforschung von mathematischen *Strukturen* [Scholz, H. 1953, S. 42].

In den „Grundlagen der Geometrie" gibt Hilbert ein Axiomensystem der euklidischen Geometrie an, dessen sämtliche Modelle isomorph sind („kategorisches Axiomensystem"). Wenn ich hier von „Hilbertscher Theorie" spreche, gehe ich davon aus, daß die Theorie zwar in axiomatischer Form vorliegen kann, das Axiomensystem aber nicht notwendig kategorisch ist. Im hier behandelten Kontext ist der Variablencharakter der Begriffe wesentlich, nicht die Form der Axiomatik.

Dörfler stellt in dem oben erwähnten Eröffnungsvortrag das Gesagte wie folgt dar:

„Erst mit der Entdeckung nichteuklidischer Geometrien, der Ent-

---

[11]Interessanterweise führt Alexej Kolmogorow, als er sein Axiomensystem zur Wahrscheinlichkeitsrechnung veröffentlichte, im Vorwort seiner Schrift [1033] aus, daß sein epistemologisches Verständnis mathematischer Begriffe das gleiche sei wie das von Hilbert in seinen „Grundlagen der Geometrie". Offenbar war die Auffassung Hilberts 1933 selbst unter Mathematikern noch kein Allgemeingut, obwohl französische Kollegen schon intensiv an der Bourbaki–Enzyklopädie arbeiteten.

wicklung der semiformalen Axiomatik[12] (...) mit nur implizit definierten Grundbegriffen ergab sich die denkerische Möglichkeit der
Beschreibung nichträumlicher Sachverhalte mit geometrischen Theorien.
Auch hier hat die Interpretierbarkeit von formalen Begriffen und Theorien, der Variablencharakter von Begriffen und Theorien zu einer äußerst
wirksamen Erweiterung der Anwendungsmöglichkeiten geführt." [1981, S.
14].

Der Schluß, den Dörfler zieht, ist natürlich zutreffend. Die Frage ist
aber, ob die entwicklungspsychologischen Voraussetzungen beim Schüler gegeben sind, einen so abstrakten Begriff einer mathematischen
Theorie zu erfassen[13].

Begriffe als Variable aufzufassen verlangt, ihnen ihre Bedeutung zu
entziehen, sie von ihrer ontologischen Bindung zu lösen. Freudenthal
sagt (im Kontext des *Axiomatisierens*) dazu:

„Nach dem lokalen Ordnen soll der Schüler auch das globale lernen und
schließlich auch das Lösen der ontologischen Bindung. Aber dazu muß er
das Gebiet, das er zu ordnen hat, kennen, und die Bindung, die er zu lösen
hat, muß erst einmal vorhanden und kräftig sein." [1963, S. 22]

Eine ausgeprägte Bindung der mathematischen Begriffe an die Realität
ist nach dieser Auffassung folglich eine wesentliche Voraussetzung
zum Verständnis des Hilbertschen Theoriebegriffs. Man könnte dies
auch anders formulieren: Man muß einen Problembereich in Form
einer empirischen Theorie erfaßt haben, um ihn in die Form einer
Hilbertschen Theorie überführen zu können.

Um sich den Unterschied der Darstellungen einer empirischen und
einer Hilbertschen Theorie zu verdeutlichen denke man sich einen
Schüler, dem eine Aufgabe gestellt wird, die er nicht mit den ihm
schon vertrauten mathematischen Mitteln lösen kann. Er befindet
sich in einer ähnlichen Lage wie ein Wissenschaftler, der zur Lösung
eines Problems eine ihm bekannte Theorie erweitern bzw. eine neue

---

[12]Die Axiome dürfen umgangssprachliche Elemente enthalten und die Logik ist
nicht formalisiert, wie z. B. in Hilberts „Grundlagen der Geometrie".
[13]Meine persönlichen Erfahrungen mit deutschen Studienanfängern sprechen
nicht dafür.

entwickeln muß und diese anschließend formal beschreiben will. Da er nicht auf eine schon vorliegende Theorie zurückgreifen kann, um das gestellte Problem zu lösen, bedarf es heuristischer Denkprozesse und nicht formaler Ableitungen. Es ist die typische Aufgabenstellung für jeden, der im Rahmen einer Theorie nach einer Problemlösung sucht, die mit dem vorliegenden Begriffssystem nicht lösbar ist, unabhängig davon, ob er Mathematiker ist oder in einer empirisch verorteten Wissenschaft arbeitet — empirischer Wissenschaftler ist. Der Unterschied zwischen beiden zeigt sich darin, wie sie ihre Probleme angehen und ihre Lösungen überprüfen. Der Schüler verhält sich wie ein empirischer Wissenschaftler. Ihre Theorie ist eine Theorie über einen *Bereich*. Sie nehmen die vorgegebene Situation „in ihrer Komplexität" in ihre Überlegungen auf. In der Theorie drückt sich dies darin aus, daß sie sich an den intendierten Anwendungen orientiert, von deren Darstellung als ersten Bestandteilen ausgeht. Die Richtigkeit der Theorie leiten der empirische Wissenschaftler und der Schüler daraus ab, ob die gezogenen Konsequenzen durch Versuche bzw. durch Beispiele verifiziert werden können.

Rekonstruiert der empirische Wissenschaftler anschließend die neu gewonnene Theorie, so ist der entscheidende Punkt der Rekonstruktion der Übergang von der Sprache der partiellen zur Sprache der potentiellen Modelle, d. h. die Einführung von Variablen, die durch die in den Modellen getroffenen Festsetzungen mit den vortheoretischen Begriffen verbunden werden und so den Charakter theoretischer Terme/Begriffe erhalten.

Die Rekonstruktion einer empirischen Theorie legt durch die Angabe der gestuften Modellformen auch in der formalen Darstellung den Konstruktionsprozeß der neu entwickelten Theorie offen.

Anders als der empirische Wissenschaftler konzentriert sich der (heutige) Mathematiker, der eine Hilbertsche Theorie formuliert, auf die Bezüge zwischen den Objekten, macht damit die Eigenschaften von Relationen zum Gegenstand seiner Untersuchung. Die Objekte ersetzt er durch Variable. Er führt die Richtigkeit seiner Überlegungen auf die logische Korrektheit seiner Schlüsse zurück. Die logische Konsistenz der Theorie entscheidet, ob sie korrekt ist.

Der Konstruktionsprozeß wird in ihrer formalen Darstellung nicht sichtbar.

Es wurde über Jahrhunderte Mathematik getrieben, bevor Hilbert dieser Auffassung einer mathematischen Theorie zum Durchbruch verhalf. Vom Schüler kann ihr Verständnis schon entwicklungspsychologisch nicht erwartet werden, da die Begriffe, mit denen er arbeitet, eine (ausgeprägte) ontologische Bindung haben. Da es erst gerechtfertigt ist, von Modellieren oder Modellbildung zu sprechen, wenn die zugrundeliegenden mathematischen Begriffe als Variable aufgefaßt werden, kann man „Anwenden von Mathematik" in der Schule nicht flächendeckend, d. h. sich über alle Schulstufen erstreckend, als diese Form der Modellbildung begreifen. Denn insbesondere für die Grundschule ist anzunehmen, daß die Anwendungen, die dort behandelt werden, von den Lehrern als Anwendungen im Sinne eines Verständnisses von Mathematik behandelt werden, das diese als Teile empirischer Theorien auffaßt. Ein einfacher Grund dürfte sein, daß Mathematik im Hilbertschen Verständnis in ihrem Unterricht nicht benötigt wird. Dieses Argument gilt allerdings auch für den Stoff der Sekundarstufe I, nahezu für den gesamten Schulstoff. Von Modellieren oder Modellbildung im eigentlichen Sinne zu sprechen ist erst gerechtfertigt, wenn das zugrundeliegende Verständnis der mathematischen Begriffe der Hilbertschen Auffassung entspricht. Und der Begriff der Variablen ist ja schon in einfachen Fällen schwer zu vermitteln:

„Viele Leute erinnern sich nur mehr mit Schrecken an den Begriff ‚Variable', den sie nur mit Unannehmlichkeit, typischer mathematischer Sinnlosigkeit, Verständnislosigkeit, Abstraktheit ohne Realitätsbezug, Buchstabenrechnen, Sekkantur durch den Lehrer etc. und (daher?) mit weitgehender Ablehnung verbinden; ihnen ist offensichtlich nie der eigentliche ‚Sinn' von Variablen bewußt (gemacht) worden." [Humenberger, J. und H. - Ch. Reichel 1995, S.83]

Eine didaktische Konzeption „Anwenden von Mathematik" als „Entwickeln von Modellen" bedarf des Verständnisses dieses Begriffes. Andernfalls gründet sie auf falschen epistemologischen Voraussetzungen und kann letztlich nicht zu einem angemessenen Verständnis führen[14].

Die amerikanische Didaktik, in der „Anwenden als Modellbildung" deutlich favorisiert wird, hat weit überwiegend Studenten der Colleges im Blick. Auch wird die zugrundeliegende mathematische Theorie eindeutig als Hilbertsche und nicht als empirische Theorie verstanden. Maki und Maynard Thompson schreiben:

„A *mathematical model* is an axiom system consisting of undefined terms (Variablen; s. o.) and axioms which are obtained by abstracting and quantifying the essential ideas of a real model." [1973, S. 16]

Bemerkung: Es überrascht allerdings, wenn man bei erklärten Anhängern des Modellbildens liest:

„The activity of mathematical modelling is (almost) as ancient as man himself — certainly the ancient Egyptians and Greek's were well practised in some of finer arts." [d'Inverno, R. A. und R. R. McLone 1977, S. 93]

Offenbar unterschieden die Autoren nicht zwischen empirischen und Hilbertschen Theorien und den sich daraus ergebenden Konsequenzen.

Da die Begriffe der Hilbertschen Theorie Variable sind, werden sie sämtlich implizit definiert. Nach Scholz hat Hilbert den Terminus „implizite Definition" von Joseph Diez Gergonne (1771 – 1859) übernommen, der nach Federigo Enriques diese Bezeichnung wohl erstmals gewählt hat. In [Enriques, F. 1907, S. 11, Anm. 8] finden sich folgende Zitate aus einem Aufsatz von Gergonne [Gerg. Ann. 9 (1818 – 19), p. 1]:

„Wenn ein Satz ein Wort enthält, dessen Bedeutung uns unbekannt ist, so kann durch die Aussage dieses Satzes die Bedeutung jenes Wortes uns offenbar werden." (p. 22)

---

[14]Es ist erstaunlich, daß die epistemologische Komponente des Modellierens in der didaktischen Diskussion keinerlei Gewicht hat.

„Sätze, die auf diese Weise den Sinn eines Wortes auf Grund der bekannten Bedeutung der in ihnen enthaltenen anderen Worte ergeben, könnten *implizite Definitionen* genannt werden, im Gegensatz zu den gewöhnlichen Definitionen, die man *explizite Definitionen* nennen könnte ... " (p. 23)

Scholz sagt dazu:

„Durch HILBERT ist die auf GERGONNE (1817) zurückgehende Redeweise eingebürgert worden, daß die Grundvariablen von M (das Axiomensystem; d. Verf.) durch M *implizit definiert* werden. Es scheint mir, daß diese Redeweise nicht glücklich ist; denn was effektiv durch M definiert ist, sind vielmehr die Bedingungen, denen die Belegungen dieser Grundvariablen genügen müssen, um ein mathematisches Modell von M zu liefern." [1953, S. 42]

Bemerkung: Was die Einführung impliziter Definitionen betrifft, so hat sie eine formale Ähnlichkeit mit der Begründung theoretischer Terme/Begriffe durch die Modellaxiome einer empirischen Theorie. Die in der mathematischen Theorie bei der Formulierung impliziter Definitionen erforderlichen „Sätze", die die Bedeutung der Definitionen — ihr Verständnis — festlegen, entsprechen den Modellaxiomen der empirischen Theorie. Versteht man unter „Satz" eines der Axiome, so wird der theoretische Begriff auf analoge Weise in die empirische Theorie eingebunden wie die implizite Definition in die mathematische Theorie. Diese formale Ähnlichkeit kommt in der von Scholz geäußerten Kritik am Hilbertschen Begriff gut zum Ausdruck.

Literaturverzeichnis

Akademien der Wissenschaften zu Göttingen, Leipzig, München und Wien, Hrsg. (1907). *Encyklopädie der Mathematischen Wissenschaften mit Einschluß ihrer Anwendungen*. Leipzig: B. G. Teubner.

Allendoerfer, Carl B. (1962). „The Narrow Mathematician". In: *The American Mathematical Monthly* 69, S. 461–469.

Balzer, Wolfgang (1982). *Empirische Theorien: Modelle - Strukturen - Beispiele*. Braunschweig: Friedr. Vieweg & Sohn.

Bauersfeld, Heinrich, Hans Werner Heymann und Jens-Holger Lorenz, Hrsg. (1982). *Forschung in der Mathematikdidaktik*. 2. Aufl. Bd. 3. Untersuchungen zum Mathematikunterricht. Köln: Aulis Verlag Deubner & CO.

Böger, Rudolf (1914). „Inhalt, Art und Name der neueren Geometrie." In: *ZMNU* 45, S. 19–27.

Börner, Walter (1971). „Zum axiomatischen Aufbau der Geometrie - Aufbau der Kongruenzlehre mit Hilfe von Bewegungsaxiomen". In: *Math. i. d. Schule* 9, S. 195–209.

Bruder, Regina u. a., Hrsg. (2015). *Handbuch der Mathematikdidaktik*. Berlin - Heidelberg: Springer Spektrum.

Bruner, Jerome S. (1972). *Der Prozeß der Erziehung*.

Bürger, Heinrich und Fritz Schweiger (1973). „Zur Einführung der reellen Zahlen". In: *Didaktik der Mathematik* 1, S. 98–108.

Burscheid, Hans Joachim (1980). „Beiträge zur Anwendung der Mathematik im Unterricht: Versuch einer Zusammenfassung". In: *Zentralblatt für Didaktik der Mathematik* 12.2, S. 63–69.

Burscheid, Hans Joachim und Werner Mellis (1990). „Zum Rechtfertigungsproblem didaktischer Konzeptionen - Ein Beitrag zur Bruchrechendidaktik - Teil I". In: *Journal für Mathematik - Didaktik* 11.4, S. 273–296.

– (1991). „Zum Rechtfertigungsproblem didaktischer Konzeptionen - Ein Beitrag zur Bruchrechendidaktik - Teil II". In: *Journal für Mathematik - Didaktik* 12.1, S. 51–83.

© Der/die Herausgeber bzw. der/die Autor(en), exklusiv lizenziert an
Springer Fachmedien Wiesbaden GmbH, ein Teil von Springer Nature 2023
H. J. Burscheid, *Wiederentdecken und Anwenden von Mathematik*, Kölner
Beiträge zur Didaktik der Mathematik,
https://doi.org/10.1007/978-3-658-42439-8

Burscheid, Hans Joachim und Horst Struve (2009). *Mathematikdidaktik in Rekonstruktionen: Ein Beitrag zu ihrer Grundlegung.* 1. Aufl. Hildesheim, Berlin: Verlag Franzbecker.

– (2018). *Empirische Theorien im Kontext der Mathematikdidaktik.* Kölner Beiträge zur Didaktik der Mathematik und der Naturwissenschaften. Wiesbaden: Springer Spektrum.

– (2020a). *Mathematikdidaktik in Rekonstruktionen: Band 1: Grundlegung von Unterrichtsinhalten.* 2. Aufl. Kölner Beiträge zur Didaktik der Mathematik. Wiesbaden: Springer Spektrum.

– (2020b). *Mathematikdidaktik in Rekonstruktionen: Band 2: Didaktische Konzeptionen und mathematikhistorische Theorien.* 2. Aufl. Kölner Beiträge zur Didaktik der Mathematik. Wiesbaden: Springer Spektrum.

Cartwright, Mary L. (1970). „Mathematics and Thinking Mathematically". In: *The American Mathematical Monthly* 77, S. 20–28.

Czuber, E. (1899). „Die Entwicklung der Wahrscheinlichkeitstheorie und ihrer Anwendungen". In: *Jahresbericht der Deutschen Mathematiker-Vereinigung* 7.2.

Dahlke, Eberhard (1982). „Zum Stellenwert didaktischer Prinzipien im Mathematikunterricht". In: *Forschung in der Mathematikdidaktik.* Hrsg. von Heinrich Bauersfeld, Hans Werner Heymann und Jens-Holger Lorenz. Untersuchungen zum Mathematikunterricht. Köln: Aulis Verlag Deubner & CO.

Deutsche Mathematiker - Vereinigung (1976). *Zum Mathematikunterricht an Gymnasien: Denkschrift.*

Dörfler, Willibald (1976). „Anwendungsorientierte Mathematik, Motive und Ziele". In: *Anwendungsorientierte Mathematik in der Sekundarstufe II.* Hrsg. von Willibald Dörfler und Roland Fischer. Schriftenreihe Didaktik der Mathematik Universität für Bildungswissenschaften in Klagenfurt. Klagenfurt: Johannes Heyn, S. 7–9.

– (1981). „Reine versus Angewandte Mathematik - Eine falsche Dichotomie?" In: *Stochastik im Schulunterricht.* Schriftenreihe Didaktik der Mathematik Universität für Bildungswissenschaften in Klagenfurt. Wien - Stuttgart: Hölder - Pichler - Tempsky und B. G. Teubner, S. 7–19.

Dörfler, Willibald und Roland Fischer, Hrsg. (1976). *Anwendungsorientierte Mathematik in der Sekundarstufe II.* Bd. 1. Schriftenreihe Didaktik der Mathematik Universität für Bildungswissenschaften in Klagenfurt. Klagenfurt: Johannes Heyn.

Enriques, Federigo (1907). „Prinzipien der Geometrie". In: *Encyklopädie der Mathematischen Wissenschaften mit Einschluß ihrer Anwendungen.* Hrsg. von Akademien der Wissenschaften zu Göttingen, Leipzig, München und Wien. Bd. III, Heft 1. Leipzig: B. G. Teubner, S. 1–129.

Fehr, Howard F. (1968). „Reorientation in Math Education". In: *The Mathematics Teacher* 61, S. 593–601.

Freudenthal, Hans (1963). „Was ist Axiomatik, und welchen Bildungswert kann sie haben?" In: *Der Mathematikunterricht* 9.4, S. 5–29.

– (1973). *Mathematik als pädagogische Aufgabe: Band 1.* Stuttgart: Ernst Klett Verlag.

– (1987). „Theoriebildung zum Mathematikunterricht: Herrn G. Pickert zum 70. Geburtstag gewidmet". In: *ZDM* 19.3, S. 96–103.

Fuson, K. C. (1988). *Children's Counting and Concepts of Number.* New York - Berlin - Heidelberg - London - Paris - Tokyo: Springer.

Galion, E., Hrsg. (1972). *la mathématique et ses applications: Troisieme Séminaire International.* Paris - Lyon: CEDIC.

Gnedenko, Boris V. (1977). „Abbildtheorie und Mathematik". In: *Math. i. d. Schule* 15, S. 449–456.

Griesel, H. (1974). *Die neue Mathematik für Lehrer und Studenten, Bd. 3.* Hannover: Hermann Schroedel Verlag.

Henrici, J. und Peter Treutlein (1910). *Lehrbuch der Elementar-Geometrie: Erster Teil.* 4. Aufl. Leipzig und Berlin: B. G. Teubner.

Hering, Hermann (1986). „Anwendung und Begriffsentwicklung - Anregungen zur Curriculumentwicklung an der Hochschule". In: *Hochschulausbildung. Zeitschrift für Hochschuldidaktik und Hochschulforschung* 4.4, S. 219–227.

Heymann, Hans Werner, Hrsg. (1984). *Mathematikunterricht zwischen Tradition und neuen Impulsen.* Bd. 7. Untersuchungen zum Mathematikunterricht. Köln: Aulis Verlag Deubner & CO.

Heywood, R. B., Hrsg. (1947). *The Works of the Mind, Vol.1, no.1.* Chicago: Univ. of Chicago Press.

Hilbert, David, 1862 - 1943 (1966). „Axiomatisches Denken". In: *MU* 12.3, S. 5–15.

Humenberger, Johann und Hans-Christian Reichel (1995). *Fundamentale Ideen der Angewandten Mathematik: und ihre Umsetzung im Unterricht.* Bd. 31. Lehrbücher und Monographien zur Didaktik der Mathematik. Mannheim - Leipzig - Wien - Zürich: B-I-Wissenschaftsverlag.

Johnson, Mark (1987). *The Body in the Mind: The Bodily Basis of Meaning, Imagination, and Reason.* Chicago und London: The University of Chicago Press.

Kerr jun. Donald R. und Daniel Maki (1979). „Mathematical Models to Provide Applications in the Classroom". In: *Applications in School Mathematics.* Hrsg. von Sidney Sharron. NCTM Yearbook : 1979. Reston, Virginia: The National Council of Teachers of Mathematics. Inc., S. 1–7.

Klamkin, Murray S. (1968). „On the Teaching of Mathematics so as to Be Useful". In: *Educational Studies in Mathematics* 1, S. 126–160.

Klein, Felix (1895). „Ueber Arithmetisierung der Mathematik". In: *Nachrichten der K. Gesellschaft der Wissenschaften zu Göttingen,* Heft 2.

– (1898). „Über Aufgabe und Methode des mathematischen Unterrichts an den Universitäten". In: *Jber. DMV* 7, S. 126–138.

– Hrsg. (1909 - 1917). *Abhandlungen über den mathematischen Unterricht in Deutschland.* Leipzig und Berlin: B. G. Teubner.

– (1922a). *Gesammelte Mathematische Abhandlungen: 2. Band.* Berlin: Julius Springer.

– (1922b). „On the mathematical character of space-intuition and the relation of pure mathematics to the applied sciences". In: *Gesammelte Mathematische Abhandlungen.* Hrsg. von R. Fricke und H. Vermeil. Bd. 2. Berlin: Julius Springer, S. 225–231.

– (1925). *Elementarmathematik vom höheren Standpunkte aus: Zweiter Band: Geometrie: Nachdruck 1968.* 3. Aufl. Bd. XV. Die Grundlehren der mathematischen Wissenschaften. Berlin: Julius Springer.

– (1933). *Elementarmathematik vom höheren Standpunkte aus: Erster Band: Arithmetik - Algebra - Analysis: Nachdruck 1968.* 4. Aufl. Bd. XIV. Die Grundlehren der mathematischen Wissenschaften. Berlin: Julius Springer.

Kline, Morris (1970). „Logic versus Pedagogy". In: *The American Mathematical Monthly* 77, S. 264–282.

Kober, J. (1870). „Ueber die Definition des Parallelismus: Bemerkung zu dem Aufsatze Sturms Heft IV. S. 277." In: *ZMNU* 1, S. 491–493.

– (1872). „Ueber das Unendliche und die neuere Geometrie". In: *ZMNU* 3, S. 249–264.

Kolmogorow, Alexej Nikolajewitsch (1933). *Grundbegriffe der Wahrscheinlichkeitsrechnung.* Bd. 2. Ergebnisse der Mathematik und ihrer Grenzgebiete. Berlin: Springer.

Laugwitz, Detlef (1966). „Sinn und Grenzen der axiomatischen Methode". In: *MU* 12.3, S. 16–39.

Lenné, Helge (1969). *Analyse der Mathematikdidaktik in Deutschland: Aus dem Nachlaß hrsg. von Walter Jung: in Verbindung mit der Arbeitsgruppe für Curriculum-Studien.* Stuttgart: Ernst Klett.

Lossau, Norbert (29. 05. 2022). „Die 7 größten Abenteuer der Mathematik". In: *WELT AM SONNTAG*, S. 61.

Mac Lane, Saunders (1981). „Mathematical Models: A Sketch for the Philosophy of Mathematics". In: *The American Mathematical Monthly* 88, S. 463–472.

Maki, Daniel P. und Maynard Thompson (1973). *Mathematical Models and Applications.* Englewood Cliffs, N. J.: Prentice-Hall, Inc.

Mattheis, Martin (2000). „Felix Kleins Gedanken zur Reform des mathematischen Unterrichtswesens vor 1900". In: *MU* 46.3, S. 41–61.

Nachrichten der K. Gesellschaft der Wissenschaften zu Göttingen: Geschäftliche Mitteilungen (1895).

Neumann, John von (1947). „The Mathematician". In: *The Works of the Mind, Vol.1, no.1.* Hrsg. von R. B. Heywood. Chicago: Univ. of Chicago Press, S. 180–196.

Pasch, Moritz (1926). *Vorlesungen über neuere Geometrie: Mit einem Anhang: Die Grundlegung der Geometrie in historischer Entwicklung von Max Dehn.* 2. Aufl. Bd. XXIII. Die Grundlehren der mathematischen Wissenschaften. Berlin: Julius Springer.

Revuz, André (1977). „Mathematikunterricht und anwendbare Mathematik". In: *Der mathematische und naturwissenschaftliche Unterricht* 30.5, S. 257–263.

Rubinstein, Moshe, S. (1975). *Patterns of Problem Solving.* Englewood Cliffs, New Jersey: Prentice-Hall, Inc.

Scheid, Harald (1991). *Elemente der Geometrie.* Mannheim/Wien/Zürich: B-I-Wissenschaftsverlag.

Scholz, Heinrich (1953). „Der klassische und der moderne Begriff einer mathematischen Theorie". In: *Mathematisch - Physikalische Semesterberichte* 3.1/2, S. 30–47.

Schubring, Gert (1978). *Das genetische Prinzip in der Mathematik-Didaktik.* Stuttgart: Klett-Cotta.

Schupp, Hans (1988). „Anwendungsorientierter Mathematikunterricht in der Sekundarstufe I zwischen Tradition und neuen Impulsen". In: *MU* 34.6, S. 5–16.

Sfard, Anna (1994). „Reification as the Birth of Metaphor". In: *For the Learning of Mathematics* 14.1, S. 44–55.

Sharron, Sidney, Hrsg. (1979). *Applications in School Mathematics*. NCTM Yearbook : 1979. Reston, Virginia: The National Council of Teachers of Mathematics. Inc.

Smolec, Ignacije (1972). „Mathématisations progressives et Applications de la mathématique". In: *la mathématique et ses applications: Troisieme Séminaire International*. Hrsg. von E. Galion. Paris - Lyon: CEDIC, S. 123–132.

Sneed, Joseph D. (1971). *The Logical Structure of Mathematical Physics*. Dordrecht - Boston - London: D. Reidel Publishing Company.

Stegmüller, Wolfgang (1978). *Hauptströmungen der Gegenwartsphilosophie, Band I: Eine kritische Einführung*. 6. Aufl. Bd. 308. Kröners Taschenausgabe. Stuttgart: Alfred Kröner Verlag.

– (1979). *Hauptströmungen der Gegenwartsphilosophie,Band II: Eine kritische Einführung*. 6. Aufl. Bd. 309. Kröners Taschenausgabe. Stuttgart: Alfred Kröner.

– (1985). *Theorie und Erfahrung: Probleme und Resultate der Wissenschaftstheorie und Analytischen Philosophie, Band II, 2. Teilband: Theorienstrukturen und Theoriendynamik*. 2. Aufl. Berlin - Heidelberg - New York - Tokyo: Springer.

Stochastik im Schulunterricht (1981). Bd. 3. Schriftenreihe Didaktik der Mathematik Universität für Bildungswissenschaften in Klagenfurt. Wien - Stuttgart: Hölder - Pichler - Tempsky und B. G. Teubner.

Struve, Horst (1990). *Grundlagen einer Geometriedidaktik*. Bd. 17. Lehrbücher und Monographien zur Didaktik der Mathematik. Mannheim - Wien - Zürich: B-I-Wissenschaftsverlag.

Sturm, Rudolf (1870). „Die neuere Geometrie auf der Schule." In: *ZMNU* 1, S. 474–490.

– (1871). „Ueber die unendlich entfernten Gebilde." In: *ZMNU* 2, S. 391–407.

Wernicke, Alexander (1909 - 1917). „Mathematik und philosophische Propädeutik". In: *Abhandlungen über den mathematischen Unterricht in Deutschland*. Hrsg. von Felix Klein. Bd. III, Heft 7 (1912). Leipzig und Berlin: B. G. Teubner.

Winter, Heinrich (1984). „Didaktische und Methodische Prinzipien". In: *Mathematikunterricht zwischen Tradition und neuen Impulsen*. Hrsg. von Hans Werner Heymann. Untersuchungen zum Mathematikunterricht. Köln: Aulis Verlag Deubner & CO, S. 116–147.

Wittenberg, Alexander Israel (1962/63). „Über den mathematischen Unterricht an höheren Schulen: Ein Memorandum amerikanischer Mathematiker". In: *Der mathematische und naturwissenschaftliche Unterricht* 15, S. 224–227.

– (1963). *Bildung und Mathematik: Mathematik als exemplarisches Gymnasialfach.* Stuttgart: Ernst Klett Verlag.

Wittmann, Erich (1974). *Grundfragen des Mathematikunterrichts.* Braunschweig: Friedr. Vieweg & Sohn.

Zech, Friedrich (1996). *Grundkurs Mathematikdidaktik.* 8. Aufl. Weinheim und Basel: Beltz Verlag.

d'Inverno, R. A. und R. R. McLone (1977). „A modelling approach to traditional applied mathematics". In: *The Mathematical Gazette* 61, S. 92–104.

Printed in the United States
by Baker & Taylor Publisher Services